水利工程施工组织与管理研究

刘佰华 著

中国纺织出版社有限公司

内 容 提 要

本书围绕水利工程施工组织与管理展开研究，以水利基础知识为基础，依次探讨了水利工程施工、水利工程管理两大部分内容，着重研究了水利工程施工组织管理、混凝土建筑物施工、施工导流、截流施工、土石坝工程施工以及水土保持等内容，最后强调了水利工程的合同管理与质量管理，本书理论与实践相结合，使读者在充分了解其理论基础的同时，加强了对水利工程技术与管理的实践认识。

图书在版编目（CIP）数据

水利工程施工组织与管理研究 / 刘佰华著 . -- 北京：中国纺织出版社有限公司，2023.8
　ISBN 978-7-5229-0847-2

　Ⅰ . ①水… 　Ⅱ . ①刘… 　Ⅲ . ①水利工程－工程施工－研究 ②水利工程－研究 　Ⅳ . ① TV5 ② TV6

中国国家版本馆 CIP 数据核字（2023）第 151245 号

责任编辑：史 岩　责任校对：高 涵　责任印制：储志伟

中国纺织出版社有限公司出版发行
地址：北京市朝阳区百子湾东里A407号楼　邮政编码：100124
销售电话：010—67004422　传真：010—87155801
http://www.c-textilep.com
中国纺织出版社天猫旗舰店
官方微博 http://weibo.com/2119887771
北京虎彩文化传播有限公司印刷　各地新华书店经销
2023年8月第1版第1次印刷
开本：710×1000　1/16　印张：13.5
字数：194千字　定价：99.90元

前言
Preface

水资源是维持人类生存和促进社会发展的重要物质基础，水资源开发利用是改造自然、利用自然的一个方面，随着我国经济的快速发展，水资源短缺和水资源污染现象日益严重，因此，加强对水资源的合理开发和可持续利用尤为重要。与此同时，经济与科学技术的发展，也使水利事业在国民经济中的命脉和基础产业地位愈加突出；水利工程建设水平的提高进一步促进水能的开发利用，对保护生态环境，促进我国经济发展具有举足轻重的重大意义。

本书围绕水利工程施工组织与管理展开研究，以水利基础知识为基础，依次探讨了水利工程施工、水利工程管理两大部分内容。本书内容涉及面广、针对性强，着重研究了水利工程施工组织管理、混凝土建筑物施工、施工导流、截流施工、土石坝工程施工以及水土保持等内容，最后强调了水利工程的合同管理与质量管理。本书构思新颖、逻辑严谨，将理论与实践紧密结合，使读者在掌握水利工程技术的基础上，加强其在管理实践中的应用。

本书在撰写的过程中，借鉴了许多前人的研究成果，在此表示衷心的感谢！由于水利工程范畴比较广，需要探索的层面比较深，作者在撰写的过程中难免存在一定的不足，恳请前辈、同行以及广大读者斧正。

刘佰华

2023 年 4 月

目录
Contents

第一章　施工组织与管理研究概述

在国家的基础建设中，水利水电工程建设是一个重要部分。一般来说，水利水电工程的建设规模都十分庞大，会涉及众多的专业，并且遇到的地形、地质、气候等条件也极为复杂，这就造成水利水电工程施工难度大、施工周期长的特点。想要成功完成水利水电工程建设，就必须对施工组织进行科学系统的管理。

第一节　施工组织与管理的含义和任务

施工组织与管理的主要任务是对施工人员、机械、材料、方法及各个环节进行协调，确保工程按照原来的计划有序地完成。这对于提高工程质量、合理安排工期、降低工程成本、保证施工安全和施工环境等都具有重要的意义。

一、施工组织与管理的含义

（一）组织的含义

组织指的是为了达到特定目标，在分工合作的基础上构成的人的集合。

组织虽然是人的集合，却不能将其看作个人简单的、毫无关联的加总，而是人们为了实现一定的目的，有意识地协同劳动而产生的群体。对组织的具体含义，我们可以从以下四个方面来理解。

（1）组织必须有特定目标。

（2）组织是一个人为的系统。

（3）组织必须有分工与协作。

（4）组织必须有不同层次的权利与责任制度。

在对组织的研究中，经常将其看作能够反映一些职位和一些个人之间的关系的网络式结构。我们也可以从动态和静态两个方面对组织的含义进行理解。静态方面，是指组织结构，即反映人、职位、任务以及它们之间的特定关系的网络；动态方面，是指维持与变革组织结构，以完成组织目标的过程。因此，组织被作为管理的一种基本职能。

（二）施工组织与管理的含义

对于水利水电工程建设项目的施工组织与管理来说，可以从狭义和广义两个方面进行理解。

1. 狭义方面

狭义的施工组织指的是由业主委托或指定的负责水利工程施工的承包商的施工项目管理组织。该组织以项目经理部为核心，以施工项目为对象，进行质量、进度、成本、合同、安全等管理工作。

本书中的施工组织与管理，主要是从狭义方面来对施工组织与管理进行理解。

2. 广义方面

广义的施工组织指的是在整个水利施工项目中从事各种项目管理工作的人员、单位、部门组合起来的管理群体。

由于工程项目参与者（包括投资者、业主、设计单位、承包商、咨询或监理单位、工程分包商等）有很多，参与各方都将自己的工作任务称为施工项目，都有相应的施工管理组织，如业主的项目经理部、项目管理公司的项目经理部、承包商的项目经理部、设计项目经理部等。其间有各种联系，有各种管理工作、责任和任务的划分，形成该水利施工项目总体的管理组织系统。

二、施工组织与管理的研究对象

在对于施工组织与管理的研究中，主要研究对象是建筑安装工程的实施过程。

建筑工程施工的复杂性和一次性主要是由建筑产品的特点决定的。建筑施工涉及面广，除工程力学、工程地质、建筑结构、建筑材料、工程测量、机械设备、施工技术等学科专业知识外，还涉及与工程勘测、设计、消防、环境保护等各部门的协调配合。另外，不同的工程，由于所处地区不同、季节不同、施工现场条件不同，它们的施工准备工作、施工工艺和施工方法也不相同。针对每个独特的工程项目，通过施工组织可以找到最合理的施工方法和组织方法，并通过施工过程中的科学管理确保工程项目顺利实施。

三、施工组织与管理的任务

施工组织与管理的任务并不是固定不变的，其会依据水利施工项目的不同，按照业主和承包商签定的施工合同中的要求和任务，通过对项目经理部人员的组织与管理，确定各种管理程序和组织实施方案，以便完成施工任务、获得合理利润。施工组织与管理具体涉及的任务如表 1-1 所示。

表1-1　施工组织与管理的任务

序号	施工组织与管理的任务	任务实现效果
1	研究施工合同，确定施工任务	确定工程项目的总体施工组织与设计，包括施工总体布置、施工总进度计划、施工设备和施工人员的安排
2	分析施工条件	确定不同施工阶段的施工方案、施工程序、施工组织安排
3	合理安排施工进度，组织现场的施工生产	保证工程建设可以按预期完成
4	解决施工中的技术问题	确保按照施工图纸要求完成各项施工任务
5	解决施工中的质量问题	确保工程质量达到合同及国家规范要求
6	合理控制施工成本，完成工程的各项结算管理	保证项目经理部可以获得一定的利润
7	解决施工中的职业健康、安全问题，制定并落实各项管理措施	保证施工人员的安全问题，减少意外情况的产生
8	解决施工的环境保护问题	使项目施工达到环境部门的要求
9	解决协调同业主、监理工程师、设计单位、施工当地各部门以及项目经理内部的信息沟通、协调等问题	减少各部门之间意见的分歧，减少施工中的阻碍
10	完成工程的各项阶段验收和竣工验收等工作	做好竣工资料的整理工作

第二节　施工组织与管理的作用与基本原则

施工组织与管理对整个水利水电工程建设都具有十分重要的作用，并且在施工过程中还要遵循一定的原则，以保证工程的建设可以满足各方面对质量的要求。

水利水电工程建设规模大、涉及专业多、牵涉范围广，经常会遇到不利的地质、地形条件，施工条件往往比其他工程艰难复杂。因此，施工组织与管理工作显得更为重要。

总结过去水利水电工程施工的经验，在施工组织与管理方面需要遵循的原则主要有以下五个方面：

第一，坚持科学管理原则。

第二，坚持按基本建设程序办事原则。

第三，全面贯彻多、快、好、省的施工原则。在工程建设中应该根据需要和可能，尽快完成优质、高产、低消耗的工程，任何片面强调某一个方面而忽视另一个方面的做法都是错误的，都会造成不良的后果。

第四，按系统工程的原则合理组织工程施工。

第五，一切从实际出发原则。遵从施工的科学规律，要做好人力、物力的综合平衡，保证连续、有节奏地施工。

第三节　施工组织与管理的模式

工程项目组织是为完成特定任务而建立起来的，从事工程项目具体工作的组织。该组织是在工程项目生命周期临时组建的，是暂时的，在项目目标实现后，项目组织解散。

一、项目组织的职能

项目组织的职能是项目管理的基本职能，包括计划职能、组织职能、指挥职能、控制职能、协调职能等方面。

（一）计划职能

计划职能是指为了实现项目目标，对所要做的工作进行安排，并对资源进行配置。

（二）组织职能

组织职能是指为实现项目目标，建立必要的权力机构、组织层次，进行职能划分，并规划职责范围和协作关系。

（三）指挥职能

指挥职能是指项目组织的上级对下级的领导、监督和激励。

（四）控制职能

控制职能是指采取一定的方法、手段，使组织活动按照项目目标和要求进行。

（五）协调职能

协调职能是指项目组织中各层次、各职能部门团结协作、步调一致地共同实现项目目标。

二、项目组织的形式

项目组织的形式主要有三种基本类型，如图 1-1 所示。

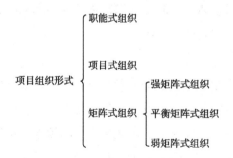

图1-1　项目组织形式

（一）职能式组织

职能式组织指的是在同一个组织单位中，把具有相同职业特点的专业人员组织在一起，为项目服务，如图 1-2 所示。

1. 职能式组织的特点

职能式组织最突出的特点是专业分工强，其工作的注意力集中于本部门。

职能部门的技术人员的作用可以得到充分发挥，同一部门的技术人员易于交流知识和经验，使得项目能获得部门内所有知识和技术的支持，对创造性地解决项目的技术问题很有帮助；技术人员可以同时服务于多个项目；职能部门为保持项目的连续性发挥了重要作用。

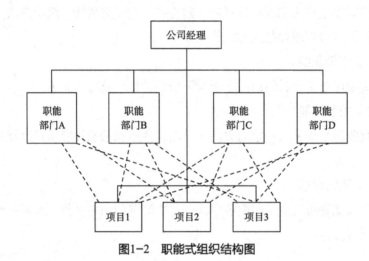

图1-2　职能式组织结构图

2.职能式组织的不足

职能部门工作的注意力主要集中在本部门的利益上，项目的利益往往得不到优先考虑；项目团体中的职能部门往往只关心本部门的利益而忽略了项目的总目标，造成部门之间协调困难。

3.职能式组织的适用范围

职能式组织经常用于企业解决某些专门问题时，如开发新产品、设计公司信息系统、进行技术革新等。可以认为这是寄生于企业中的项目组织，对于各参加部门，项目领导仅作为一个联络小组的领导，负责收集、处理和传递信息，而与项目相关的决策主要由企业领导作出，所以项目经理对项目目标不承担责任。

（二）项目式组织

项目式组织又叫作直线式组织，在项目组织中，所有人员都按项目要求划分，由项目经理管理一个特定的项目团体，在没有项目职能部门经理参与的情况下，项目经理可以全面地控制项目，并对项目目标负责，其结构形式如图1-3所示。

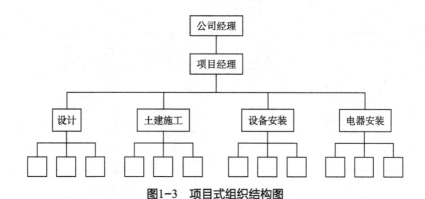

图1-3　项目式组织结构图

1. 项目式组织的特点

项目式组织的项目经理对项目全权负责，享有最大程度的自主权，可以调配整个项目组织内外资源；项目目标单一，决策迅速，能够对用户的需求或上级的意图作出最快的响应；项目式组织结构简单，易于操作，在进度、质量、成本等方面控制也较为灵活。

2. 项目式组织的不足

项目式组织对项目经理的要求较高，需要具备各方面知识和技术的全能式人物；由于项目各阶段的工作重心不同，会使项目团队各个成员的工作闲忙不一，一方面影响了组织成员的积极性，另一方面也造成了人才浪费；项目组织中各部门之间有比较明确的界限，不利于各部门之间的沟通。

3. 项目式组织的适用范围

项目式组织常用于中小型项目，也常见于一些涉外及大型项目的公司，如建筑业项目，这类项目成本高，时间跨度大，项目组织成员长时间合作，沟通容易，而且项目组成员具备较高的知识结构。

（三）矩阵式组织

矩阵式组织可以克服上述两种形式的不足，它基本上由职能式和项目式组织重叠而成，如图1-4所示。

1. 矩阵式组织的特点

矩阵式组织建立与公司保持一致的规章制度；可以平衡组织中的资源需求，以保证各个项目满足各自的进度、费用和质量要求，减少人员冗余，使职能部门的作用得到充分发挥。

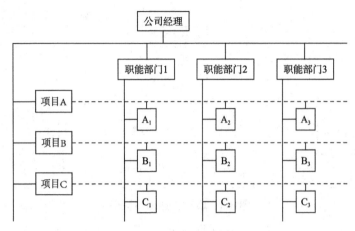

图1-4　矩阵式组织结构图

2.矩阵式组织的不足

矩阵式组织中的每个成员接受来自两个部门的领导，当两个领导的指令有分歧时，常会令人左右为难，无所适从；权利的均衡导致没有明确的负责者，使工作受到影响；项目经理与职能部门经理的职责不同，项目经理必须与部门经理进行资源、技术、进度、费用等方面的协调和权衡。

3.矩阵式组织的适用范围

矩阵式组织常用于大型综合项目或有多个项目同时开展的企业。

4.矩阵式组织的分类

根据矩阵式组织中项目经理和职能部门经理权责的大小，矩阵式组织可分为强矩阵式组织、平衡矩阵式组织和弱矩阵式组织。

（1）强矩阵式组织。

项目经理主要负责项目，职能部门经理负责分配人员。项目经理对项目可以实施更有效的控制，但职能部门对项目的影响却有所减小。强矩阵式组织类似于项目式组织，项目经理决定什么时候做什么，职能部门经理决定派哪些人、使用哪些技术。

（2）平衡矩阵式组织。

项目经理负责监督项目的执行，各职能部门对本部门的工作负责。项目经理负责项目的时间和成本，职能部门的经理负责项目的界定和质量。一般来说平衡矩阵很难维持，因为它主要取决于项目经理和职能部门经理的相对力度。若平衡不好，要么变成弱矩阵式，要么变成强矩阵式。矩阵式组织中，许多员工同时属于两个部门——职能部门和项目部门，要同时对两个部门负责。

（3）弱矩阵式组织。

由一个项目经理来协调项目中的各项工作，项目成员在各职能部门经理的领导下为项目服务，项目经理无权分配职能部门的资源。

三、工程项目管理方式

在工程项目建设的实践中应用的工程项目管理方式有多种类型。每一种方式都有一定的优势和局限性。业主可根据工程项目的特点选择合适的工程项目管理方式。目前，在各国工程项目建设中广泛使用的工程项目管理方式，既包括历史悠久的传统方式，也有新发展起来的工程项目管理方式，包括建筑工程管理方式、设计—建造方式以及 BOT 方式等。

（一）传统方式

传统方式又称设计招标—建造方式。采用这种方法时，业主与设计机构（建筑师）签订专业服务合同，设计机构（建筑师）负责提供合同的设计和施工文件，在设计机构（建筑师）协助下，通过竞争性招标将工程施工的任务交给报价最低且最具资质的投标人（总承包商）来完成，如图 1-5 所示。

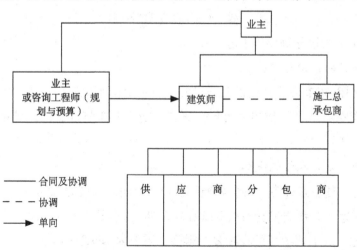

图1-5 传统的工程项目管理方式

传统方式最显著的特点是，工程项目的实施只能按顺序进行，即只有一个阶段结束后另一个阶段才能开始，传统方式的工程项目建设程序清晰明了。传统方式是历史悠久，并得到广泛认同的工程项目管理方式。

（二）BOT方式

BOT（Build-Operate-Transfer）即建造—运营—移交方式，其典型结构框架如图1-6所示。它是指东道国政府开放本国基础设施建设和运营市场，吸收国外资金，授权项目公司特许权，由该公司负责融资和组织建设，建成后负责运营及偿还贷款，待特许期满将工程移交东道国政府。

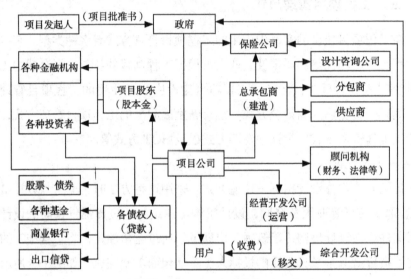

图1-6　BOT方式结构

BOT方式运作需要以下五个步骤。

1. 项目的提出与招标

拟采用BOT方式建设的基础设施项目一般由当地政府提出，委托一家咨询公司对项目进行初步的可行性研究，随后颁布特许意向，准备招标文件，公开招标。

2. 项目发起人组织投标

发起人往往是强有力的咨询顾问公司与财团或大型的工程公司，他们申请资格预审，并在通过资格预审以后购买招标文件进行投标。BOT项目的投标显然比一般工程项目的投标复杂得多，需要对BOT项目进行深入的技术和财务的可行性分析，才有可能向政府提出有关实施方案以及特许年限要求等。同时，还要与金融机构接洽，使自己的实施方案特别是融资方案得到金融机构的认可，才可正式提交投标书。这个过程中，项目发起人常常要聘用各种专业机构（包括法律、金融、财务等）协助编制投标文件。

3. 成立项目公司、签署各种合同与协议

中标的项目发起人往往就是项目公司的组织者。项目公司参与各方一般包括项目发起人、大型承包商、设备材料供应商等。在国外有时当地政府也入股，此外，还有一些不直接参与项目公司经营管理的独立股东，如保险公司、金融机构等。

项目公司签订的主要协议有股东协议、与政府谈判签订的特许协议和与金融机构签署的融资协议。另外，与各个参与方签订总承包合同、运输保养合同、保险合同、工程进度合同和各类专业咨询合同（如法律等），有时需要独立签订设备订货合同。

4. 项目建设和运营

这一阶段项目公司的主要任务是委托咨询监理公司对总承包商的工作进行监理，保证项目的顺利实施和资金支付。有的工程可以完成一部分之后即开始运营，以早日回收资金。同时，还要组织综合性开发建设公司进行综合项目开发服务，以便多方面盈利。

5. 项目移交

在特许期满之前，应做好必要的维护和资产评估等工作，以便随时将BOT项目移交政府运行。政府可以仍旧聘用原有运营公司来运行项目。

（三）CM 管理方式

CM（Construction Management Approach，简称 CM）管理方式是针对传统方式的不足而产生的，采用 CM 管理方式，其核心就是从项目开始阶段就雇佣具有施工经验的 CM 经理参与到项目过程中，以便向设计专业人员提供施工方面的建议并随后负责施工过程。

1. CM 管理方式

CM 管理方式主要有两种，如图 1-7 所示。

第一种称为代理型建筑工程管理方式。这是一种较为传统的形式，或称为纯粹的 CM 管理方式。采用这种形式时，CM 经理是业主的咨询人员或代理，提供 CM 服务，主要不足之处是 CM 经理对进度和成本控制不作出保证。

第二种形式称为风险型建筑工程管理方式。它实际上是纯粹的 CM 方式与传统方式的结合。采用这种形式，CM经理同时担任施工总承包商的角色，这种方式在英国称为管理承包。

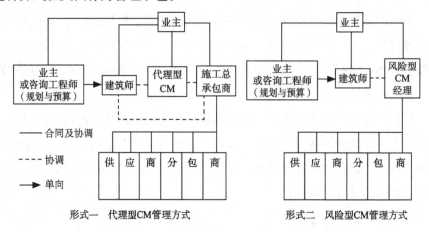

图1-7　CM管理模式的两种实现形式

2.CM管理方式的适用范围

CM管理方式的适用范围有：可能设计经常变更的项目；工期比较紧而不能等待编制出完整招标文件（阶段性施工）的项目；由于工作范围和规模不确定而无法准确定价的项目。

CM方式的使用代表工程项目管理方式中的一种新概念的出现。在传统方式中，项目实施过程涉及的各方关系通常依靠合同来调解，可称为合同方式。而在采用建筑工程管理方式时，业主在建筑初期就选择了建筑师、CM经理及承包商，各方面以务实合作的态度组成项目组，共同完成项目的预算及成本控制、进度安排及设计工作。

（四）设计—管理方式

设计—管理方式类似CM方式，但更为复杂的是，它由同一实体向业主提供设计和施工管理服务。在通常的CM方式中，业主分别就设计和专业施工过程签订合同。采用设计—管理合同时，业主只签订一份既包括设计也包括CM服务在内的管理服务合同。在这种情况下，设计师与CM经理是同一实体，这一实体常常是设计机构与施工管理企业的联合体。

采用设计—管理方式时，由多个与业主或设计—管理公司签订合同的独立承包商负责具体工程施工。设计管理人员则负责施工过程的规划、管理与控制。其通常会采用阶段施工法。

（五）设计—建造方式

设计—建造方式是一种简练的工程管理方式，如图1-8所示。在项目原则明确以后，业主只需选定唯一的实体负责项目的设计与施工。近年来，设计—建造方式在建筑业的应用越来越广泛，原因主要是设计—建造方式便于采用阶段施工法。

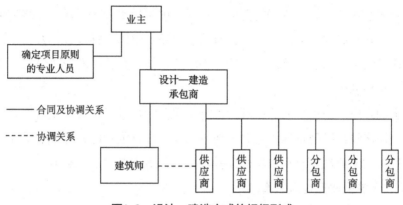

图1-8 设计—建造方式的组织形式

设计—建造方式的基本特点是在项目实施过程中保持单一的合同责任。选定设计—建造承包商的过程比较复杂，如果是政府投资项目，业主必须采用竞争性招标的方式选择承包商。为了确保承包商的质量，还可确定正式的资格预审原则。

社会生活中，人们经常会提到的"交钥匙"方式，实际上就是一种特殊的设计—建造方式，即承包商为业主提供包括项目融资、土地购买、设计与施工直至竣工移交的全套服务。

第四节 水利工程施工程序

工程建设施工程序是指建设项目从决策、设计、施工到竣工验收整个工作过程中各阶段及其工作必须遵循的先后次序与步骤。它所反映的是在基本建设过程中各有关部门之间一环扣一环的紧密联系和工作中相互协调、相互配合的工作关系。它是工程建设活动客观规律（包括自然规律和经济规律）的反映，也是人们在长期工程建设实践过程中的技术和管理活动经验的理性总结。科学的建设程序在坚持"先勘察、后设计、再施工"的原则基础上，突出优化决策、竞争择优、科学管理的原则。

一、水利工程的施工准备工作

（一）水利水电工程施工需要满足的条件

水利水电工程项目在主体工程开工之前，必须完成各项施工准备工作，其主要内容包括：施工现场的征地、拆迁；施工用水、电、通信、路和场地平整等工程；必需的生产、生活临时建筑工程；组织招标设计、咨询、设备和物资采购；组织建设监理和主体工程施工招标，并择优选定建设监理单位和施工承包队伍。

水利水电工程项目的施工顺利进行，需要满足以下条件：项目法人已经建立；初步设计已经批准；有关土地使用权已经批准；已办理报建手续；项目已列入国家或地方水利水电建设投资计划，筹资方案已经确定。

（二）调查研究与搜集资料

调查研究、收集有关施工资料，是施工准备工作的重要内容之一，必须重视基本资料的收集整理和分析研究工作。

1.社会经济概况资料

应向当地政府机关、有关部门了解当地经济状况及发展规划。该项调查包括工程建设地点、现有交通条件、当地国民经济发展对交通运输提出的要求，交通地理位置图；当地工农业发展状况和规划；燃料、动力供应条件；施工占地条件；当地生活物资、建筑材料供应条件；为工程施工提供社会服务、加工制造、修配、运输的可能性；可能提供的劳动力条件；国民经济各部门对施工期间防洪、灌溉、航运、供水、放水等的要求；国家、地方各部门对基础建设的有关法律法规、条例、行政文件等。

2.水文和气象资料

多年实测各月最大流量；坝址分月不同频率最大流量，相应枯水时段不同频率的流量，施工洪水过程线；水工建筑物布置地点的水位—流量关系曲线；沿岸主要施工设施布置地点的河道特性和水位、流量资料；施工区附近支流、山沟、湖塘等的水位、水量等资料；历年各月各级流量过水次数分析；年降水量、最大降水量、降水强度、可能最大暴雨强度、降雨历时、降雪和积雪厚度；各种气温、水温、地温的特性资料；风速、最大风速、风向玫瑰图。

3. 技术资料

技术资料准备是施工准备的核心。任何技术的差错或隐患都可能引起人身安全和质量事故，造成生命、财产和经济的巨大损失。因此，必须认真地做好技术准备工作。

（1）施工组织设计资料。

施工方法，主体工程、导流、机电安装等单项工程施工方案、施工进度、施工强度；设备、材料、劳动力数量；施工布置及对风、水、电和场内交通运输的要求；施工导流，截流和各期导流工程布置图，导流建筑物平剖面图、工程量，导流程序、相应时段不同频率的上下游水位，不同时段货物过坝分类数量；对外交通，对外运输方案、运输能力，对外交通工程量，修建所需设备、材料、动力燃料等，运输设备和人员数量；辅助企业，各生产系统规模容量、建筑面积、占地面积；风、水、电、供热、通信管线布置，施工设施建安工程量，施工设施设备数量，燃料、材料数量。

（2）工程规划、水工和机电设计资料。

水库正常高水位、校核洪水位、库容—水位关系曲线；枢纽总布置图、各单项工程布置图、剖面图、分类分部工程量；机组机型、台数，重大部件尺寸、重量，枢机电和金属结构安装工程量，枢纽运用、蓄水发电等要求。

（三）资源准备

材料、构（配）件、半成品、机械设备是保证施工顺利进行的物资基础，这些物资的准备工作必须在工程开工之前完成。根据各种物资的需要量计划，分别落实货源，安排运输和储备，使其满足连续施工的要求。物资准备工作主要包括建筑材料的准备；建筑安装施工机械的准备；构（配）件和半成品的加工准备。

1. 建筑材料的准备

对选定的枢纽布置和施工方案，按各主体工程和辅助工程，分别计算列出所需钢材、钢筋、木材、水泥、油料、炸药等主要建筑材料总量及分年度供应计划。

2. 建筑安装施工机械的准备

根据各主体工程、辅助工程的施工方法、施工进度计划，计算提出施工所需主要的及特殊专用的施工机械设备，按名称、规格、数量列表汇总，并提出分年度供应计划。

3. 构（配）件、半成品的加工准备

根据施工预算提供的构（配）件、制品的名称、规格、质量和消耗量，确定加工方案和供应渠道以及进场后的储存地点和方式，编制用量计划，为组织运输、确定堆场面积等提供依据。

（四）施工现场准备

施工现场的准备工作，主要是为了给拟建工程的施工创造有利的施工条件和物资保证。其具体内容如下。

1. 搞好"四通一平"工作

"四通一平"指的是水通、电通、路通、通信通和平整场地。

（1）水通。

水是施工现场的生产和生活不可缺少的。拟建工程开工之前，必须按照施工总平面图的要求，接通施工用水和生活用水的管线，使其尽可能与永久性的给水系统结合起来，做好地面排水系统，为施工创造良好环境。

（2）电通。

电是施工现场的主要动力来源。拟建工程开工前，要按照施工组织设计要求，接通电力和电信设施，做好其他能源（如蒸汽、压缩空气）的供应，确保施工现场动力设备和通信设备正常运行。

（3）路通。

施工现场的道路是组织物资运输的动脉。拟建工程开工前，必须按照施工总平面图的要求，修好施工现场的永久性道路和必要的临时性道路，形成完整畅通的运输网络，为材料设备进场、堆放创造有利条件。

（4）通信通。

拟建工程开工前，必须形成完整畅通的通信网络，为施工人员进场提供有利条件。

（5）平整场地。

按照设计总平面图的要求，首先拆除场地上妨碍施工的建筑物或构筑物，然后根据施工总平面图的规定平整场地。

2. 做好施工场地的控制网测量

按照设计单位提供的建筑总平面图及给定的永久性坐标控制网和水准控制基桩，进行施工区施工测量，设置施工区的永久性坐标桩、水准基桩和建立施工区工程测量控制网。

3. 建造临时建筑物和设施

按照施工总平面图的布置，建造临时建筑物和设施，为正式开工准备好生产、办公、生活、居住和储存等临时用房。

（五）开工条件及开工报告

施工准备工作是根据施工条件、工程规模、技术复杂程度来确定的。一般工程项目必须具备相应的条件才能开工。随着建设项目法人责任制的推行，水利水电工程主体工程开工前必须具备以下条件。

①建设项目已列入国家或地方水利建设投资年度计划，年度建设资金已落实。

②前期工程各阶段文件已按规定获得批准，施工详图设计可以满足初期主体工程施工需要。

③现场施工准备和征地移民等建设外部条件能够满足主体工程开工需要。

④主体工程招标已经决标，工程承包合同已经签订，并得到主管部门同意。

⑤项目建设所需全部投资来源已经明确且投资结构合理。

⑥建设管理模式已经确定，投资主体与项目主体的管理关系已经厘顺。

⑦项目法人或其代理机构必须按审批权限向主管部门提出主体工程开工申请报告，经批准后，主体工程方能正式开工。

二、水利工程施工程序

根据我国基础建设实践，水利工程施工程序归纳起来可以分为四大阶段八个环节，如图1-9所示。

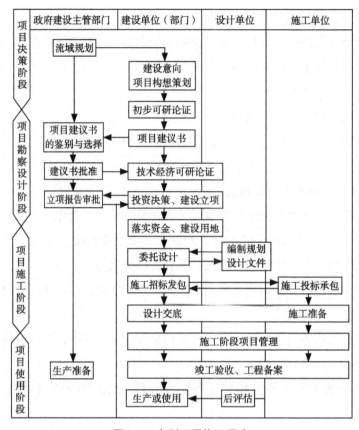

图1-9　水利工程施工程序

（一）第一阶段

第一阶段是项目决策阶段，在该阶段的任务主要有两个：一是根据资源条件和国民经济长远发展规划进行流域或河段规划，提出项目建议书；二是进行可行性研究和项目评估，编制可行性研究报告。

（二）第二阶段

第二阶段是项目勘察设计阶段，对拟建项目在技术和经济上进行全面设计，是工程建设计划的具体化阶段。这一阶段的成果是组织施工的依据。勘察设计直接关系工程投资、工程质量和使用效果，是工程建设的决定性环节。

（三）第二阶段

第三阶段是项目施工阶段，包括建设前期施工准备、全面建设施工和生产（投产）准备工作三个主要环节。

（四）第四阶段

第四阶段的工作是项目竣工验收和交付使用。在生产运行一定时间之后，对建设项目进行评价。

三、工程建设步骤

（一）项目建议书

项目建议书是在流域规划的基础上，由主管部门提出建设项目的轮廓设想，从宏观上衡量、分析项目建设的必要性和可能性，分析建设条件是否具备、是否值得投入资金，以及如何进行可行性研究工作的文件。其编制一般由政府委托有相应资质的工程咨询单位承担，并按国家现行规定向主管部门申报审批。

项目建议书是确定建设项目和建设方案的主要文件，是编制设计文件的依据，主要包含以下内容：建设规模和建设地点的初步设想、拟建项目的必要性和依据、投资估算和资金筹措的设想、建设布局和建设条件的初步分析，以及项目进度的初步安排和效益估算等。

在项目建议书被上级或其他有关部门批准之后，就可以开始进行下一步的可行性研究。

（二）可行性研究

可行性研究是项目能否成立的基础，这个阶段的成果是可行性研究报告。它是运用现代科学技术、经济学和管理工程学等知识，对项目进行技术经济分析的综合性工作。

①建设中要动用多少人力、物力和资金。

②建设工期有多长，如何筹集建设资金。

③在技术上是否可行，经济效益是否显著，财务上是否实现盈利等。

可行性研究是进行建设项目决策的主要依据。水利水电工程项目的可行性研究是在流域（河段）规划的基础上，组织各方面的专家、学者对拟建项目的建设条件进行全方位、多方面的综合论证比较的过程。例如，三峡工程就是对许多部门和专业，甚至整个流域的生态环境、文物古迹、军事等进行可行性研究后确定的。

可行性研究报告是由项目主管部门委托工程咨询单位或组织专家进行评

估，并综合行业归口部门、投资机构、项目法人等方面的意见进行审批而形成的。项目的可行性研究报告获得批准后，应正式成立项目法人，并按项目法人责任制实行项目管理。

（三）勘察设计

可行性研究报告获得批准后，项目法人应择优（一般通过招标）选择有相应资质的设计单位承担工程的勘察设计工作。勘察设计的主要任务如下。

①确定工程规模，确定工程总体布置、主要建筑物的结构形式及布置。

②选定对外交通方案、施工导流方式、施工总进度和施工总布置、主要建筑物施工方法及主要施工设备、资源需用量及其来源。

③确定水库淹没、工程占地的范围，提出水库淹没处理、移民安置规划和投资概算。

④确定电站或泵站的机组机型、装机容量和布置。

⑤编制初步设计概算，复核经济评价。

⑥提出水土保持、环境保护措施设计等。

勘察设计完成后按国家现行规定向上级主管部门申报，主管部门组织专家和相关部门进行审查，审查合格后由主管部门审批通过。

（四）施工准备

施工准备工作开始前，项目法人或其代理机构须依照有关规定向政府主管部门办理报建手续，须同时交验工程建设项目的有关批准文件。工程项目进行项目报建后，方可组织施工准备工作。施工准备工作的主要内容如下。

①施工现场的征地、拆迁，施工用水、电、通信、道路的建设和场地平整等工程。

②组织招标设计、咨询、设备和物资采购。

③生产、生活临时建筑工程。

④进行技术设计，编制、修正总概算和施工详图设计，编制设计预算。

⑤组织建设监理和主体工程施工、主要机电设备采购招标，并择优选择建设监理单位、施工承包单位及机电设备供应商。

（五）施工

施工阶段以工程项目的施工和安装为工作中心，项目法人按照批准的建设文件组织工程建设，通过项目施工，在规定的投资、进度和质量要求范围内，按照设计文件的要求实现项目建设目标，将工程项目从蓝图变成工程实体。

项目法人或其代理机构必须向主管部门提出主体工程开工申请报告，报告经批准后，主体工程方可正式开工。主体工程开工须具备以下条件。

①建设项目已列入国家或地方水利水电工程建设投资年度计划，年度建设资金已落实。

②前期工程各阶段文件已按规定获得批准，施工详图设计可以满足初期主体工程施工需要。

③现场施工准备和征地移民等工程建设条件已经满足工程开工要求。

④主体工程招标已经决标，工程承包合同已经签订，并得到主管部门同意。

⑤项目建设所需资金来源已经明确且投资结构合理。

⑥建设管理模式已经确定，投资主体与项目主体的管理关系已经厘顺。

⑦工程产品的销售已经有用户承诺，并确定了价格。

（六）生产准备

生产准备是项目投产前所要进行的一项重要工作，是建设阶段转入生产经营的必要条件。项目法人应按照建管结合和项目法人责任制的要求，适时做好有关生产准备工作，其主要内容如下。

①生产组织准备，建立生产经营的管理机构及相应管理制度。

②生产技术准备，主要包括技术资料的汇总、运行技术方案的制订、岗位操作规程的制定等。

③招收和培训人员，按照生产运营要求，配备生产管理人员，并通过多种形式的培训，提高人员素质，使之能满足运营要求。

④生产物资准备，主要落实投产运营需要的原材料、协作产品、工器具、备品备件和其他协作配合条件。

⑤正常的生活福利设施准备。

（七）竣工验收

竣工验收是工程完成建设目标的标志，是全面考核基础建设成果、检验设计和工程质量的重要步骤。竣工验收合格的项目即从基本建设转入生产或使用。

建设项目的建设内容全部完成，并经过单位工程验收，符合设计要求并按水利基础建设项目档案管理的有关规定完成档案资料的整理工作以及竣工报告、竣工决算等必备文件的编制后，项目法人按照有关规定向主管部门提出申请，根据国家和部颁验收规程组织验收。竣工决算编制完成后，须由审计机关组织竣工审计，其审计报告作为竣工验收的基本资料。

对于工程规模较大、技术较复杂的建设项目，可先进行初步验收。不合格的工程不予验收，如有遗留问题必须有具体处理意见，且有限期处理的明确要求，并落实责任人。

工程验收合格后办理正式移交手续，工程从基础建设阶段转入使用阶段。

（八）后评价

建设项目竣工投产，一般经过 1 ～ 2 年生产运营后就要对项目进行一次系统的项目后评价。其主要内容如下。

①经济效益评价，即对项目投资、国民经济效益、财务效益、技术进步和规模效益、可行性研究深度等方面进行评价。

②过程评价，即对项目立项、设计、施工、建设管理、竣工投产、生产运营等全过程进行评价。

③影响评价，即项目投产后对各方面的影响进行评价。

项目后评价工作通常要按照三个层次来组织实施，即项目法人的自我评价、项目行业的评价、计划部门（或投资方）的评价。

在项目全部完成时对其进行评价的主要目的是，对工程建设过程中所获得的经验进行总结，找到管理过程中的漏洞和不足之处，并及时吸取教训，从而在以后的工程建设中避免出现类似错误，提高项目决策水平和投资效果。

第二章　水利工程施工组织设计

随着水利工程管理系统的发展和完善，施工组织设计也成为水利工程项目中重要的管理内容。水利工程的施工组织设计包括多方面的内容，当然，要进行施工组织设计，就要进行方案的拟定以及总体规划和进度的布置和安排。本章将从水利工程施工组织设计的内容入手，研究水利工程施工组织设计的方案规划、总进度计划以及总体布置安排。

第一节　水利工程施工组织设计概述

施工组织设计是水利工程设计文件中重要的内容之一，给施工项目确定预算、设立招标投标方案提供了重要依据。认真实行水利工程施工组织设计，对项目工程的选址、枢纽布置、整体优化方案、提高工作效率、缩短项目工期都具有重要意义。

一、施工组织设计的内容

水利工程施工组织设计主要包括以下内容。

（一）施工条件的分析

施工组织设计的一项重要内容是对施工项目的条件进行分析，项目工程的施工条件具体包括项目的工程条件、自然条件、物质资源条件以及社会经济条件等。对施工条件进行分析就是施工单位在对上述条件的信息进行彻底地掌握之后，着重分析这些条件可能对施工项目产生的影响以及可能带来的后果。

（二）施工导流

对施工导流进行管理和设计就是要确定导流的标准，并且对施工分期、导流方案、导流方式、导流建筑物等进行选择和确定。同时，施工导流设计还包括拟定截流、拦洪、排水、过水、供水、蓄水、发电等措施。

（三）施工交通运输

对施工交通运输的设计主要包括对外交通设计和场内交通设计两个部分。对外交通设计是指施工单位就工地与外部公路、铁路车站、水运港口之间的交通问题进行联系；场内交通设计是指施工单位就施工工地内部各个工区、材料供应地、生产部门、办公生活区之间的交通进行联系。施工交通的对外交通保证了施工期间外来物资的运输，场内交通则需要及时和对外交通进行沟通和衔接。

（四）主体工程施工

主体工程主要包括引水、泄水、挡水、通航等多方面内容。对主体工程施工的设计要以各自的施工条件为基础依据，详细分析和研究施工程序、方法、强度、布置、进度等内容并进行最终的确定。需要注意的是，主体工程中的关键技术问题，如特殊的基础处理等，要进行专门的设计和论证，以保证其准确无误。

（五）施工工厂设施和大型临建工程

施工工厂设施主要包括混凝土的生产系统、开采加工系统、土石料场及其加工系统等。对施工工厂设施进行设计需要施工单位以施工任务和施工要求为依据，对工厂设施的位置、规模、容量、生产工艺类别、平面布置、建筑面积等内容进行确定，同时提出土建安装进度和分期投产的计划。

大型临建工程主要指施工栈桥、过河桥梁等，对大型临建工程的设计要进行专门的规划，确定其工程量和进度安排。

（六）施工总体布置

对施工总体布置的设计需要施工单位在了解水利工程枢纽布置和主体建筑物的主要特征之后，通过对影响施工的自然条件等因素的分析，最终对工程施工的总体布置进行规划。施工总体布置还要注意协调施工场地同内外部的关系。

（七）施工总进度

制定施工总进度时，施工单位要首先考虑国民经济的发展需求，积极采取有效措施实现主管部门或业主要求的任务设置。在确定施工项目总进度时，如果发现工期可能会出现相较计划过长或过短的情况，应该上报合理工期。

（八）主要技术供应计划

主要技术供应计划的确定就是根据施工总进度的安排和规划，通过对现有资料和信息的分析，确定主要建筑材料和主要施工机械设备的数量、规格等，并编制总需求量和分年需求量。

二、施工组织设计的编制依据

在进行水利工程项目的施工组织设计过程中，要充分分析当下现状，研究相关资料和文件，借鉴相关实验成果，以促进最合理的组织设计方案的形成。在施工组织设计中，主要依据的内容包括以下三方面。

（一）批文和法律法规

批文和法律法规主要包括可行性研究报告、审批意见、施工项目组织设计任务书、上级管理部门对工程建设的具体要求或批复等。此外，还包括国民经济各相关部门，包括铁道部门、交通运输部门、旅游部门、环保部门等对工程项目建设的相关规定和要求。而法律法规是指项目工程所在地与建设相关的法律条文、条例、地方政府对工程项目的要求等。

（二）项目工程的环境状况

项目工程的环境状况主要包括两部分内容。

1. 工程所在地外部状况

工程所在地外部状况主要是指项目工程所在地的自然条件、施工电源、水源和水质状况、交通条件、环保及旅游状况、航运、灌溉、防洪等措施以及工程所在地近期发展规划。

2. 工程所在地技术状况及习俗

工程所在地技术状况及习俗主要包括工程所在城镇的修配、加工能力；生产物资和劳动力水平；居民生活水平和住宿习惯等。

（三）项目工程自身状况

项目工程自身状况主要包括水利工程的建设施工装备、工程项目的管理水平、技术特点、施工导流及通航试验效果。除此之外，项目工程自身状况还包括与工程相关的工艺试验成果、生产试验成果、设计专业相关成果等。

第二节 水利工程施工组织设计的方案

对水利工程施工项目的施工方案进行组织设计主要是对水利工程主体工程施工的设计，研究主体施工设计是为了更好地为水利工程的枢纽布置和建筑物选择提供依据，并为工程质量和施工安全提供保障。本节将重点研究水利工程施工组织设计在方案确定时需要遵循的原则和规范。

一、施工方案、设备及劳动力组合选择原则

在施工工程的组织设计方案研究中，施工方案的确定、设备及劳动力组合的安排和规划是重要的内容。

（一）施工方案选择原则

在具体确定施工项目的方案时，需要遵循以下四条原则。

（1）尽量选择施工总工期时间短、项目工程辅助工程量小、施工附加工程量小、施工成本低的方案。

（2）尽量选择先后顺序工作之间、土建工程和机电安装之间、各项程序之间互相干扰小、协调均衡的方案。

（3）确保施工方案选择的技术先进、可靠。

（4）着重考虑施工强度和施工资源等因素，保证施工设备、施工材料、劳动力等需求之间处于均衡状态。

（二）施工设备及劳动力组合选择原则

在确定劳动力组合的具体安排以及施工设备的选择上，施工单位要尽量遵循以下两条原则。

1.施工设备选择原则

施工单位在选择和确定施工设备时要注意遵循以下原则。

（1）施工设备尽可能地满足施工场地条件，符合施工设计和要求，并能保证施工项目保质保量地完成。

（2）施工项目工程设备要具备机动、灵活、可调节的性质，并且在使用过程中能达到高效低耗的效果。

（3）施工单位要事先进行市场调查，以各单项工程的工程量、工程强

度、施工方案等为依据，确定合适的配套设备。

（4）尽量选择通用性强，可以在施工项目的不同阶段和不同工程活动中反复使用的设备。

（5）应选择价格较低，容易获得零部件的设备，尽量保证设备便于维护、维修、保养。

2. 劳动力组合选择原则

施工单位在选择和确定劳动力组合时要注意遵循以下原则。

（1）劳动力组合要保证生产能力可以满足施工强度要求。

（2）施工单位需要事先进行调查研究，确保劳动力组合能满足各个单项工程的工程量和施工强度。

（3）在选择配套设备的基础上，要按照工作面、工作班制、施工方案等确定最合理的劳动力组合，混合劳动力工种，实现劳动力组合的最优化配置。

二、主体工程施工方案选择原则

水利工程涉及多种工种，其中主体工程施工主要包括地基处理、混凝土施工、碾压式土石坝施工等。而各项主体施工还包括多项具体工程项目。本节重点研究在进行混凝土施工和碾压式土石坝施工时，施工组织设计方案的选择应遵循的原则。

（一）混凝土施工方案选择原则

混凝土施工方案选择主要包括混凝土主体施工方案选择、混凝土浇筑设备选择、模板选择、坝体接缝灌浆选择等内容。

1. 混凝土主体施工方案选择原则

在确定混凝土主体施工方案时，施工单位应该注意以下六个原则。

（1）混凝土施工过程中，生产、运输、浇筑等环节要保证衔接顺畅、合理。

（2）混凝土施工的机械化程度要符合施工项目的实际需求，保证施工项目按质按量完成，并且能在一定程度上促进工程工期缩短和进度加快。

（3）混凝土施工方案要保证施工技术先进，设备配套合理，生产效率高。

（4）混凝土施工方案要保证混凝土可以得到连续生产，并且在运输过程中尽可能减少中转环节，缩短运输距离，保证温控措施可控、简便。

（5）混凝土施工方案要保证混凝土在初期、中期以及后期的浇筑强度可以得到平衡的协调。

（6）混凝土施工方案要尽可能保证混凝土施工和机电安装之间存在的相互干扰尽可能少。

2. 混凝土浇筑设备选择原则

混凝土浇筑设备的选择要考虑多方面的因素，比如，混凝土浇筑程序能否适应工程强度和进度、各期混凝土浇筑部位和高程与供料线路之间能否平衡协调等。具体来说，在选择混凝土浇筑设备时，要注意以下七条原则。

（1）混凝土浇筑设备的起吊设备能保证对整个平面和高程上的浇筑部位形成控制。

（2）保持混凝土浇筑主要设备型号统一，确保设备生产效率稳定、性能良好，其配套设备能发挥主要设备的生产能力。

（3）混凝土浇筑设备要能在连续的工作环境中保持稳定运行，并具有较高的利用效率。

（4）混凝土浇筑设备在工程项目中不需要完成浇筑任务的间隙可以承担起模板、金属构件、小型设备等的吊运工作。

（5）混凝土浇筑设备不会因为压块而导致施工工期延误。

（6）混凝土浇筑设备的生产能力要在满足一般生产的情况下，尽可能满足浇筑高峰期的生产要求。

（7）混凝土浇筑设备应该具有保证混凝土质量的保障措施。

3. 模板选择原则

在选择混凝土模板时，施工单位应当注意以下三原则。

（1）模板的类型要符合施工工程结构物的外形轮廓，便于操作。

（2）模板的结构形式应该尽可能标准化、系列化，保证模板便于制作、安装、拆卸。

（3）在有条件的情况下，应尽量选择混凝土或钢筋混凝土模板。

4. 坝体接缝灌浆选择原则

在坝体的接缝灌浆时应注意考虑以下四个方面。

（1）接缝灌浆应该发生在灌浆区及以上部位达到坝体稳定温度时，在采取有效措施的基础上，混凝土的保质期应该长于四个月。

（2）在同一坝缝内的不同灌浆分区之间的高度应该为 10～15 米。

（3）要根据双曲拱坝施工期来确定封拱灌浆高程，以及浇筑层顶面间的限定高度差值。

（4）对空腹坝进行封顶灌浆，对受气温影响较大的坝体进行接缝灌浆时，应尽可能采用坝体相对稳定且温度较低的设备。

（二）碾压式土石坝施工方案选择原则

在进行碾压式土石坝施工方案选择时，要事先对工程所在地的气候、自然条件进行调查，搜集相关资料，统计降水、气温等多种因素的信息，并分析它们可能对碾压式土石坝材料产生的影响。

1. 碾压式土石坝料场规划原则

在确定碾压式土石坝料场时，应注意遵循以下七个原则。

（1）碾压式土石坝料场的料物物理学性质要符合碾压式土石坝坝体的用料要求，尽可能保证物料质地统一。

（2）料场的物料应相对集中存放，总储量要保证能满足工程项目的施工要求。

（3）碾压式土石坝料场要保证有一定的备用料区，并保留一部分料场以供坝体合龙和抢拦洪高时使用。

（4）以不同的坝体部位为依据，选择不同的料场进行使用，避免不必要的坝料加工。

（5）碾压式土石坝料场最好具有剥离层薄、便于开采的特点，并且应尽量选择获得坝料效率较高的料场。

（6）碾压式土石坝料场应满足采集面开阔、料物运输距离短的要求，并且周围存在足够的废料处理场。

（7）碾压式土石坝料场应尽量少占用耕地或林场。

2. 碾压式土石坝料场供应原则

碾压式土石坝料场的供应应当遵循以下五个原则。

（1）碾压式土石坝料场的供应要满足施工项目的工程和强度需求。

（2）碾压式土石坝料场的供应要充分利用开挖渣料，通过高料高用、低料低用等措施保证料物的使用效率。

（3）尽量使用天然砂石料作垫层、过滤和反滤，在附近没有天然砂石料的情况下，再选择人工料。

（4）应尽可能避免料物堆放，如果避免不了，就将堆料场安排在坝区上坝道路上，并要保证防洪、排水等一系列措施的跟进。

（5）碾压式土石坝料场的供应尽可能减少料物和弃渣的运输量，保证料场平整，防止水土流失。

3. 土料开采和加工处理要求

在进行土料开采和加工处理时，要注意满足以下五个要求。

（1）以土层厚度、土料物理学特征、施工项目特征等为依据，确定料场的主次并进行分区开采。

（2）碾压式土石坝料场土料的开采加工能力应能满足坝体填筑强度的需求。

（3）要时刻关注碾压式土石坝料场天然含水量的高低，一旦出现过高或过低的状况，要采用一定具体措施加以调整。

（4）如果开采的土料物理力学特性无法满足施工设计和施工要求，应对采用人工砾质土的可能性进行分析。

（5）对施工场地、料物输送线路、表土堆存场等进行统筹规划，必要时还要对还耕进行规划。

4. 坝料上坝运输方式选择原则

在选择坝料上坝运输方式的过程中，要考虑运输量、开采能力、运输距离、运输费用、地形条件等多方面因素，具体来说，要遵循以下五个原则。

（1）坝料上坝运输方式要能满足施工项目填筑强度的需求。

（2）坝料上坝的运输过程中不能和其他物料混掺，以免污染和降低料物的物理力学性能。

（3）各种坝料应尽量选用相同的上坝运输方式和运输设备。

（4）坝料上坝使用的临时设备应具有设施简易、便于装卸、装备工程量小的特点。

（5）坝料上坝尽量选择中转环节少、费用较低的运输方式。

5.施工上坝道路布置原则

施工上坝道路的布置应遵循以下四个原则。

（1）施工上坝道路的各路段要能满足施工项目坝料运输强度的需求，并综合考虑各路段运输总量、使用期限、运输车辆类型和气候条件等多项因素，最终确定施工上坝的道路布置。

（2）施工上坝道路要能兼顾当地地形条件，保证运输过程中不出现中断的现象。

（3）施工上坝道路要能兼顾其他施工运输，如施工期过坝运输等，尽量和永久公路相结合。

（4）在限制运输坡长的情况下，施工上坝道路的最大纵坡不能大于15%。

6.碾压式土石坝施工机械配套原则

确定碾压式土石坝施工机械的配套方案时应遵循以下三个原则。

（1）碾压式土石坝施工机械的配套方案要能在一定程度上保证施工机械化水平的提升。

（2）各种坝面作业的机械化水平应尽可能保持一致。

（3）碾压式土石坝施工机械的设备数量应该以施工高峰时期的平均强度进行计算和安排，并适当留有余地。

第三节 水利工程施工组织设计的总体布置

水利工程的施工总体布置对于项目工程的整体施工进程都会产生非常重要的影响，因此，在进行水利工程施工项目总体布置方案设计时，要遵循因地制宜、因时制宜、促进生产、便于生活、安全可靠、经济合理等几大原则，经过全面系统的分析研究之后才能确定最后的方案。

一、施工总体布置的目的和作用

（一）施工总体布置的概念

施工总体布置是指在对施工场地的地形条件、枢纽布置情况和各项临时设施布置要求进行研究和分析的基础上，对项目工程施工场地的分期、分区以及分标布置方案进行确定的过程。同时，还要对项目施工期间需要的交通运输设施、生产和生活用房、动力管线等进行平面和立体面上的布置并尽量减少场地安排对施工可能造成的干扰，保证施工项目安全、保质保量地完成。

（二）施工总体布置的目标

施工总体布置最终会以一定比例尺的施工场区地形图的形式呈现出来，是施工组织设计最重要的成果之一。

施工总体布置场区地形图应该包括所有地上、地下、已经建成以及正在建设过程中的建筑物和构筑物，此外，为施工项目服务的所有临时性建筑和施工设施都应该反映在总体布置图中。

施工总体布置除了通过地形图的方式表现出研究成果之外，还应提出各项施工设施以及临时性建筑的分区设置方案；估算施工征地的具体面积；研究还地造田和征地再利用的具体措施等。

施工总体布置是一个围绕施工工程运行的复杂的系统工程，但是由于施工工程本身在不断发生变化，因此，施工总体布置也要不断根据施工工程本身的变化进行调整。

二、施工总体布置图设计原则

由于施工条件在不断变化，不可能编制一成不变的总体布置图。因此，在进行施工总体布置图的设计时，主要根据施工单位的实践经验，因地制宜，以优化场地布置为原则，进行布置图的编制。具体来说，设计施工总体布置图时主要遵循以下原则。

（一）合理使用场地

在进行施工总体布置图的编制时，要注意尽量少占用农田等地区，合理使用场地，实现场地利用率最大化。

（二）优化场区划分

对施工场区的划分要符合国家相关的安全、卫生、环保等方面的规定，并以利于生产、便于生活、易于管理、经济合理的原则进行。

（三）临时建筑物和施工设施的安排

所有施工场区中临时建筑物和施工设施的安排要以满足主体工程施工

的要求为基本，相互协调，避免安排失衡导致建筑物之间出现互相干扰的情况。

（四）施工设施的防洪标准

主要的施工设施和工厂的防洪标准的确定要以其规模、使用期限以及在整体施工工程中的重要程度来决定，在5～20年重现期内选用。必要时，可以利用水工模型试验来测试场地防洪能力。

三、施工总体布置图的设计步骤

施工总体布置图设计主要包括以下步骤。

（一）收集、分析相关资料

施工总体布置图设计的第一个步骤是收集、分析基本信息和资料，主要包括施工场区地形图、拟建枢纽布置图、已经存在的场外交通运输设施、运输能力、发展规划、施工项目所在地及其工矿企业信息、施工项目所在地水电供应状况、施工场区地质状况、所在地气候条件等。

（二）编制临建工程项目清单、计算场地面积

在掌握了施工场区的基本资料之后，就可以进行临建工程项目的确定，这个环节主要根据工程的施工条件、结合之前的实践经验进行确定。在确定临建项目的清单之后，还要对它们的占地面积、敞篷面积、建筑面积等进行精确计算；明确临建项目工程的施工标准、使用期限以及布置及使用要求。对于临建工程中的工厂，施工单位还要确定它们的生产能力、工作班制、服务对象等方面内容。

（三）现场布置总体策划

现场布置总体策划是指对施工现场的总体布局，包括：主要交通干线、场内外交通衔接、永久设施和临建项目之间的结合等内容。现场布置总体策划是施工总体布置中非常关键的一个环节，在工程施工实行分项承包制的情况下，尤其要做好这项工作，对各承包单位的具体施工范围进行明确、严格的划分。

（四）确定临建工程的具体位置

临建工程具体位置的确定和安排通常建立在现场布置总体策划的基础上，以对外交通方式为依据，按照临建工程所在地的具体地形特征按照顺序依次进行。

（五）方案调整和选定

在经过上述步骤之后，就需要对总体布置方案进行修正和协调，其主要工作包括：检查主体工程和临建工程之间是否存在矛盾、总体布置中的防火方案能否达到要求、场地利用是否合理等。通常情况下，施工单位需要对一个施工场区提出不止一种总体布置方案，经过综合考虑和对比，选择最合适的一个方案。

四、施工分区布置

在进行了总体布置策划之后，就要对场区进行分区布置。

（一）主要施工分区

通常情况下，大、中型规模水利工程施工项目在进行施工总体布置时，可以将场区分为以下七部分。

第一，主体工程施工区。

第二，施工工厂设施区。

第三，当地建材开发区。

第四，储运系统，主要包括仓库、站场、码头、转运站等。

第五，金属结构、机电工程、大型施工机械设备安装场所。

第六，施工项目弃料堆放区。

第七，施工管理和劳动人员生活营区。

（二）施工分区的总体布局

施工项目工程枢纽布置和所在地地形条件的差异导致施工分区总体布局方式有所不同，大体上说，有以下六种情况。

1. 一岸布置和两岸布置

一岸布置和两岸布置一般适用于施工项目较为集中且下游较为开阔的工程。如果选择设在一岸，则要考虑这一岸的电站厂房位置和对外交通线路等因素；如果选择设在两岸，则施工项目的主要场地会受到两岸电站厂房位置的影响。

2. 集中布置和分散布置

集中布置一般适用于主体工程所在地地形平稳的情况，集中布置具有占地面积小、布置紧凑、便于管理等优点。但是如果施工项目所在地地形陡峻，则不适合采用集中布置的方式，而应该采用分散布置的方法，化整为零。

3."一条龙"和"一二线"布置

"一条龙"布置是指将施工项目的各工程场地布置在河流一岸或两岸的冲沟位置。这种布置方法一般适用于堤坝位置位于峡谷地区的施工项目。

"一二线"布置是指将施工项目的工程场地安排在施工现场，而将生活区布置在较远位置的方式。"一二线"布置一般适用于距离工地一定距离处有较适合生活的地区的情况。

4.枢纽工程对分区布置的影响

枢纽工程组成内容的差异也会导致施工布置不同，枢纽工程中辅助设施的构成会对施工场区布置造成很大影响。如果施工项目的枢纽工程主体是混凝土坝，那么在进行施工布置时，就要以骨料开采、运输、加工以及混凝土的拌和、运输和浇筑为基本要素进行场区分区布置的安排；而对于枢纽工程主体为土石坝的施工项目，则应该重点考虑土石料开采、加工等设施的布置。

5.水文资料的研究

在进行场区分区布置时，除了考虑施工项目的主要枢纽工程及其辅助设施，施工单位还需要对施工工程所在地的水文资料进行研究。首先，施工项目主要场地和交通干线都要达到防洪标准。其次，如果施工工程位置选择在坝址上游，施工单位还要对施工期间可能会出现的上游水位变化进行估计和分析。

6.可能成为城镇的工程的建设规划

在实际操作中，一些施工项目在建成之后会发展为一定规模的城镇，对于这类工程的建设规划，在进行工程项目建设的同时，还要结合未来城市的总体规划进行施工总体布置的安排。施工单位需要在进行大量调查和研究之后慎重地进行选址和建设，虽然可能会增加项目的建设成本，但是从长远来看却值得尝试。

（三）施工分区布置的注意事项

在进行施工分区布置的过程中，施工单位应该注意以下四方面内容。

1. 车站位置的选择

如果施工项目选择铁路或水路为对外交通运输途径，首先要对车站和码头的位置进行确认。车站的位置应该安排在施工场区入口的附近，方便施工车辆停靠；同时，为了满足施工场区器材仓库等设施的布置需求，车站附近应有足够的临时堆场。

2. 混凝土拌合系统的位置安排

混凝土拌合系统应该被安排在施工项目主要浇筑对象的附近，并和混凝土运输路线形成相协调的位置状况。而在混凝土拌合系统的附近，应该安排如水泥仓库、钢筋加工厂等设施，形成一条完整的运输流水线。

3. 骨料加工厂的位置选择

骨料加工厂应该安排在料场附近，在减少不必要的废弃料运输工作量的同时，减少施工现场的干扰。

4. 其他设施的位置安排

除了上述两组设施的位置安排需要注意之外，施工单位还应注意以下建筑物位置的选择。

（1）机械修配厂尽量安排在交通干线附近，以方便重型机械的进出。

（2）中心变电站尽量安排在较安静的地方，避免发生因触碰而导致的电击事故。

（3）码头以及供水抽水站应尽量安排在枢纽的下游河边位置，但是要综合考虑枢纽下游河岸的稳定、河水流速等因素。

（4）制冷厂应该安排在混凝土建筑物和混凝土系统的附近，采取自流方式进行冷水供应。

（5）油库、炸药库等危险物品的仓库应当尽量安排在人少的位置，且应当单独布置，并设置警戒线，提醒施工人员注意。

第四节　水利工程施工组织设计的总进度计划

项目工程的施工总进度编制，要以国民经济发展需求为导向、以满足施工项目主管部门或业主需求为原则。施工总进度计划的确定对施工项目具有重要意义，如果不在认真调查后制定，很可能导致施工项目逾期完成或难以实现。

一、工程建设阶段划分

工程建设阶段可以划分为四部分。

（一）工程筹建期

工程筹建期是指在工程正式开工之前，施工项目的主管部门或业主单位进行的为承包单位进场开工所做的准备工作的时间。工程筹建期的主要工作包括对外交通、施工用电、通信、征地、招投标、签约。

（二）工程准备期

工程准备期是指从准备工程开工到主体工程正式开工之间的工期。工作准备期的工作主要包括：场内交通、保证场地平整、导流工程、临时建房等。

（三）主体工程施工期

主体工程施工期是指从主体工程正式开工（一般表现为河床基坑开挖）开始，到第一台机组开始发电或工程项目开始收益为止的工期。

（四）工程完建期

工程完建期是指从水电站第一台机组投入使用或项目工程开始获得收益开始，到工程完全竣工为止的工期。

工程建设阶段中的后三个阶段构成了工程施工总工期。并且，工程建设的四个阶段并不一定是完全独立的，有可能交错进行。

二、施工总进度的表现形式

根据项目工程具体情况的差异，一般选择以下三种方式表现项目工程的施工总进度。

（一）横道图

横道图以简便、直观的特点被广泛使用。横道图的示例如表 2-1 所示。

表2-1　某堤防工程施工总进度横道图计划表

序号	主要工程项目	2012 年				
		2 月	3 月	4 月	5 月	6 月
1	准备工作	——				
2	清基及削坡		——			
3	堤身填筑及整形		——			
4	浆砌石脚槽		——			
5	干砌石护坡			——		
6	抛石			——		
7	导滤料		——			
8	草皮护坡			——		
9	锥探灌浆					
10	竣工资料整理及工程验收				——	

横道图上每一条线都表现了各项工作从开始到完成的时间。

（二）网络图

网络图的优势是利用现代网络技术，可以处理大量工程项目中的数据，并表示出关键线路的进度控制，便于信息的反馈和进度系统的优化。

（三）斜线图

斜线图相较上述两种表示方法来说，更能表现出流水作业的进度流程。

三、主体工程施工进度编制

主体工程的施工进度编制主要包括坝基开挖与地基处理工程、混凝土工程、碾压式土石坝、地下工程、金属结构及机电安装以及施工劳动力和主要资源供应六部分内容的施工进度编制。

（一）坝基开挖与地基处理工程施工进度编制

坝基开挖与地基处理包括以下五个部分的工程活动。

1.坝基岸坡开挖

坝基岸坡开挖一般和导流工程同时期进行，通常在河流截流之前完成。如果遇到平原地区的水利工程或河床式水电站施工条件特殊的状况，也可以进行两岸坝基和河床坝基的交叉开挖，但是要注意将开挖工期控制在进度范围内。

2.基坑排水

通常情况下，施工单位会在围堰水下部分防渗设施基本完善之后安排进行基坑排水，并且基坑排水一般在河床地基开挖之前完成。对于土石围堰与软质地基，基坑排水应注意控制排水下降速度。

3.不良地质地基处理

一般情况下，不良地质地基处理会在建筑物覆盖之前完成。

团结灌浆和混凝土浇筑可以在同一时间进行，并且经过研究，还可以在混凝土浇筑之前进行。帷幕灌浆为了不占用施工项目的直线工期，也可以在坝基面或廊道内完成，并且应该在蓄水之前完成。

4.有地质缺陷的坝基

对于两岸岸坡有地质缺陷的坝基的施工进度的确定，应该以其地基处理方案为基础，当存在缺陷的坝基的地基处理部位位于坝基范围之外或地下时，可以考虑安排这部分坝基的施工与坝体浇筑同时进行，并且同样在水库蓄水之前完成。

5.地基处理工程

地基处理工程的进度安排要以地基的地质条件、处理方案、具体工程量、施工步骤、施工水平、设备生产能力等因素为依据，综合考虑之后确定。特别需要注意的是，对于处理相对复杂、对施工项目总工期具有重要影响的地基的施工进度安排要更加慎重。

（二）混凝土工程施工进度编制

在进行混凝土工程施工进度安排时，应首先考虑施工的有效工作天数。一般情况下，混凝土工程的施工有效天数可以按照每个月25天进行计算。对于规模较大的工程，则可以在冬季、夏季或雨季采取一定的措施提高混凝土浇筑效率。而对于控制直线工期工程的工作天数，应该将气候因素会对工程施工造成影响的日子从有效天数中扣除。具体来说，混凝土工程施工进度在编制和安排过程中，要注意以下问题。

1.混凝土的平均升高速度

混凝土平均升高速度和坝型、浇筑块数量、浇筑块高度、浇筑设备能力等因素有关，通常情况下可以通过浇筑排块来确定。

对于大型工程，适合采用计算机模拟技术来进行坝体浇筑强度、升高速度以及浇筑工期的研究和计算。

2. 混凝土接缝灌浆进度

对于混凝土接缝灌浆进度的确定，首先要满足施工期度汛和水库蓄水安全的需求，并综合考量温控措施和二期冷却的进度安排。

（三）碾压式土石坝施工进度编制

在编制碾压式土石坝施工进度时，应当考虑导流和安全度汛的要求，并在研究碾压式土石坝坝体结构及拦洪方案的基础上，确定上坝强度，最终进行施工进度的安排。

（四）地下工程施工进度编制

地下工程的施工进度通常会受到工程项目的地质和水文地质等因素的影响，各单项工程活动之间互相制约，在进行进度安排时，要统筹兼顾包括开挖、支护、浇筑、灌浆在内的多道工序和单项工程。

地下工程的施工一般可以全年进行，具体安排施工进度时，要综合考虑各单项工程项目规模、地质条件、施工方案以及设备条件等因素，采用关键线路法确定施工程序和各工序之间相互衔接的方式，确定最优工期。

（五）金属结构及机电安装施工进度编制

对于金属结构工程的施工进度安排，施工单位应该充分研究其与土建工程施工工期之间的关系，协调金属结构工程和土建工程之间的交叉和衔接，保证两者不互相干扰的同时，留有一定余地。而对于机电安装进度的安排，应该逐项研究其交付条件和完成时间。

（六）施工劳动力及主要资源供应

在确定了施工项目主要工程的进度安排之后，施工单位要根据施工图纸及工程量确定和计算项目工程需要的总劳动力和主要资源数量编制劳动力、主要材料、构件和半成品、施工机械的需求量计划。

1. 劳动力需求量计划

劳动力需求量计划主要用来协调劳动力平衡、合理配置劳动力资源，同时也是衡量劳动力耗用指标以及安排劳动人员生活福利的基本依据。编制劳动力需求量计划的方法是将项目工程的施工进度计划表中各项施工项目及各个施工环节每天所需的劳动力数量进行汇总。表格形式如表 2-2 所示。

表2-2　劳动力需求量计划表

序号	工种名称	需要人数	××月			××月			备注
			上旬	中旬	下旬	上旬	中旬	下旬	

2. 主要材料需求量计划

主要材料的需求量计划为施工单位采购物料、确定仓库规格、确定堆场面积以及组织运输提供了依据。主要材料需求量计划的编制方法是将施工进度计划表中各单项工程在各个时间段所需要材料的名称、规格、数量进行汇总计算。表格形式如表 2-3 所示。

表2-3　主要材料需求量计划表

序号	材料名称	规格	需求量		需要时间						备注
			单位	数量	××月			××月			
					上旬	中旬	下旬	上旬	中旬	下旬	

3. 构件和半成品需求量计划

构件和半成品主要包括项目施工过程中需要的建筑结构构件、配件、加工半成品等。构件和半成品需求量计划主要用于确定加工订货单位，并且保证货物按照所需数量、规格，在规定时间内运抵仓库。构件和半成品需求量计划一般通过施工图纸和施工进度计划进行确定和编制。表格形式如表 2-4 所示。

4. 施工机械需求量计划

施工机械需求量计划为确定施工机械的类型、数量、进场时间等提供了依据。施工机械需求量计划的编制方法是将单位工程施工进度计划表中各项单项施工工程每天所需要机械的类型、规格、数量进行统计。表格形式如表 2-5 所示。

表2-4　构件和半成品需求量计划表

序号	构件、半成品名称	规格	图号、型号	需求量		使用部位	制作单位	供应日期	备注
				单位	数量				

表2-5　施工机械需求量计划表

序号	机械名称	型号	需求量		现场使用起止时间	机械进场或安装时间	机械退场或拆卸时间	供应单位
			单位	数量				

第三章　导截流工程施工

第一节　施工导流

一、施工导流的基本方法

施工导流有两类方法：一类是全段围堰法导流，也称为河床外导流，即用围堰一次拦断全部河床，将原河道水流引向河床外的明渠或隧洞等泄水建筑物导向下游；另一类是分段围堰法导流，也称为河床内导流，即采用分期导流，将河床分段用围堰挡水，使原河道水流分期通过被束窄的河道或坝体底孔、缺口、隧洞、涵洞、厂房等导向下游。

此外，按导流泄水建筑物型式还可以将导流方式分为明渠导流、隧洞导流、涵管导流、底孔导流、缺口导流、厂房导流等。一个完整的施工导流方案，常由几种导流方式组成，以适应围堰挡水的初期导流、坝体挡水的中期导流和施工拦洪蓄水的后期导流三个不同导流阶段的需要。

（一）全段围堰法

如图 3-1 所示，采用全段围堰法导流方式，就是在河床主体工程的上下游各建一道拦河围堰，使河水经河床以外的临时泄水道或永久泄水建筑物下泄，待主体工程建成或接近建成时，再将临时泄水道封堵。在我国黄河等干流上已建成或在建的许多水利工程采用全段围堰法的导流方式，如龙羊峡、大峡、小浪底以及拉西瓦等水利枢纽，在施工过程中均采用河床外隧洞或明渠导流。

采用全段围堰法导流，主体工程施工过程中受水流干扰小，工作面大，有利于高速施工，上下游围堰还可以兼作两岸交通纽带。但是，这种方法通常需要专门修建临时泄水建筑物（最好与永久建筑物相结合，综合利用），从而增加导流工程费用，推迟主体工程开工日期，可能造成施工时间过于紧张。

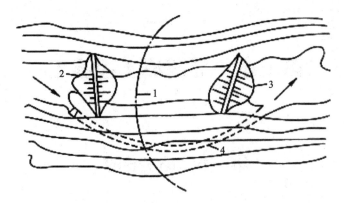

图3-1　全段围堰法施工导流方式示意图

1—水工建筑物轴线　2—上游围堰　3—下游围堰　4—导流洞

全段围堰法导流，其泄水建筑物类型有以下四种。

1. 明渠导流

明渠导流是在河岸上开挖渠道，在水利工程施工基坑的上下游修建围堰挡水，将原河水通过明渠导向下游，如图 3-2 所示。

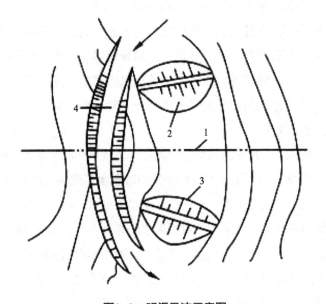

图3-2　明渠导流示意图

1-水工建筑物轴线　2-上游围堰　3-下游围堰　4-导流明渠

明渠导流多用于岸坡较缓，有较宽阔滩地或岸坡上有沟溪、老河道可利用，施工导流流量大，地形、地质条件利于布置明渠的工程。明渠导流费用一般比隧洞导流费用少，过流能力大，施工比较简单，因此，在有条件的地方宜采用明渠导流。

导流明渠的布置，一定要保证水流通畅，泄水安全，施工方便，轴线短，工程量小。明渠进出口应与上下游水流相衔接，与河道主流的交角以小于或等于30°为宜；到上下游围堰坡脚的距离，以明渠所产生的回流不淘刷围堰地基为原则；明渠水面与基坑水面最短距离要大于渗透破坏所要求的距离；为保证水流畅通，明渠转弯半径不小于渠底宽的3～5倍；河流两岸地质条件相同时，明渠宜布置在凸岸，对于多沙河流则可考虑布置在凹岸。导流明渠断面多选择梯形或矩形，并力求过水断面湿周小，渠道糙率低，流量系数大。渠道的设计过水能力应与渠道内泄水建筑物过水能力相匹配。

2. 隧洞导流

隧洞导流是在河岸中开挖隧洞，在水利工程施工基坑的上下游修筑围堰挡水，将原河水通过隧洞导向下游。隧洞导流多用于山区间流。由于山高谷窄，两岸山体陡峻，无法开挖明渠而有利于布置隧洞。隧洞的造价较高，一般情况下都是将导流隧洞与永久性建筑物相结合，达到一洞多用的目的。通常永久隧洞的进口高程较高，而导流隧洞的进口高程较低，此时，可开挖一段低高程的导流隧洞与永久隧洞低高程部分相连，导流任务完成后，将导流隧洞进口段封堵，这种布置俗称"龙抬头"。

导流隧洞的布置，取决于地形、地质、水利枢纽布置型式以及水流条件等因素。其中，地质条件和水力条件是影响隧洞布置的关键因素。地质条件好的临时导流隧洞，一般可以不衬砌或只局部衬砌，有时为了增强洞壁稳定性，提高泄水能力，可以采用光面爆破、喷锚支护等施工技术；地质条件较差的导流隧洞，一般都要衬砌，衬砌的作用是承受山岩压力，填塞岩层裂隙，防止渗漏，抵制水流、空气、温度与湿度变化对岩壁的不利影响以及减小洞壁糙率等。导流隧洞的水力条件复杂，运行情况也较难观测，为了提高隧洞单位面积的泄流能力，减小洞径，应注意改善隧洞的过流条件。隧洞进出口应与上下游水流相衔接，与河道主流的交角以30°左右为宜；隧洞最好布置成直线，若有弯道，其转弯半径以大于5倍洞宽为宜；隧洞进出口与上下游围堰之间要有适当的距离，一般以大于 50 m 为宜，防止隧洞进出口水流冲刷围堰的迎水面；采用无压隧洞时，设计中要注意洞内最高水面与洞顶之间留有适当余幅；采用压力隧洞时，设计中要注意无压与有压过渡段的水力条件，尽量使水流顺畅，宣泄能力强，避免空蚀破坏。

导流隧洞的断面形式，主要取决于地质条件、隧洞的工作条件、施工条件以及断面尺寸等。常见的断面形式有圆形、马蹄形和城门洞形（方圆形）。

3. 涵管导流

在河岸枯水位以上的岩滩上筑造涵管，然后在水利工程施工基坑上下游修筑围堰挡水，将原河水通过涵管导向下游，如图 3-3 所示。涵管导流一般用于中、小型土石坝和水闸等工程，分期导流的后期导流也有采用涵管导流的方式。

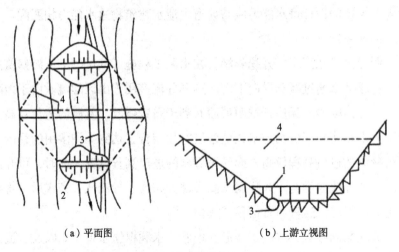

（a）平面图　　　　　　（b）上游立视图

图3-3　涵管导流示意图

1-上游围堰　2-下游围堰　3-导流涵管　4-坝体

与隧洞相比，涵管导流方式具有施工工作面大、灵活、方便、速度快，工程造价低等优点。涵管一般为钢筋混凝土结构。当与永久涵管相结合时，采用涵管导流比较合理。在某些情况下，可在建筑物岩基中开挖沟槽，必要时加以衬砌，然后顶部加封混凝土或钢筋混凝土顶拱，形成涵管。

涵管宜布置成直线，选择合适的进出口形式，使水流顺畅，避免发生冲淤、渗漏、空蚀等现象，出口消能安全可靠。多采用截渗环来防止沿涵管的渗漏，截渗环间距一般为 10 ～ 20 m，环高 1 ～ 2 m，厚度 0.5 ～ 0.8 m。为减少截渗环对管壁的附加应力，有时将截渗环与涵管管身用接缝分离，接缝四周填塞沥青止水。若不设截渗环，则在接缝处加厚凸缘防渗。为防止集中渗漏，管壁周围铺筑防渗填料，做好反滤层，并保证压实质量。涵管管身伸缩缝、沉陷缝的止水要牢靠，接缝结构能适应一定变形要求，在渗流逸出带做好排水措施，避免产生管涌。特殊情况下，涵管布置在硬土层上时，对涵管地基应做适当处理，防止土层压缩变形产生不均匀沉陷，造成涵管破坏事故。

　　4.渡槽导流

　　枯水期，在低坝、施工流量不大（通常不超过 30m³/s）、河床狭窄、分期预留缺口有困难，以及无法利用输水建筑物导流的情况下，可采用渡槽导流。渡槽一般为木质（已较少用）或装配式钢筋混凝土的矩形槽，用支架架设在上下游围堰之间，将原河水或渠道水导向下游。它结构简单，建造迅速，适用于流量较小的情况。对于水闸工程的施工，采用闸孔设置渡槽较为有利。农田水利工程施工过程中，在不影响渠道正常输水情况下修筑渠系建筑物时，也可以采用这种导流方式，如图 3-4 所示。

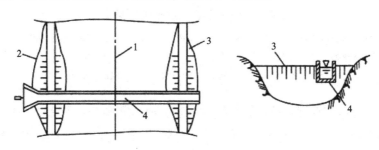

图3-4　渡槽导流示意图

1—坝轴线　2—上游围堰　3—下游围堰　4—渡槽

（二）分段围堰法

　　分段围堰法导流方式，就是用围堰将水利工程施工基坑分段分期围护起来，使原河水通过被束窄的河床或主体工程中预留的底孔、缺口导向下游的施工方法。由图 3-5 可以看出，分段围堰法的施工程序是先将河床的一部分围护起来，在这里先将河床的右半段围护起来，进行右岸第一期工程的施工，河水由左岸被束窄的河床下泄。修建第一期工程时，在建筑物内预留底孔或缺口；然后将左半段河床围护起来，进行第二期工程的施工，此时，原河水经预留的底孔或缺口宣泄。对于临时泄水底孔，在主体工程建成或接近建成，水库需要蓄水时，要将其封堵。我国长江等流域上已建成或在建的水利工程多采用分段围堰法的导流方式，如新安江、葛洲坝及长江三峡等水利枢纽，在施工过程中均采用分段、分期的方式导流。

分段围堰法一般适用于河床宽、流量大、施工期较长的工程，在通航或冰凌严重的河道上采用这种导流方式更为有利。一般情况下，与全段围堰法相比施工导流费用更低。

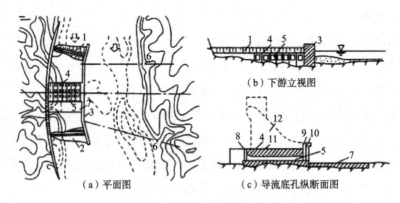

（b）下游立视图

（a）平面图　　　　（c）导流底孔纵断面图

图3-5　分段围堰法导流方式示意图

1—Ⅰ期上游横向围堰　2—Ⅰ期下游横向围堰　3—Ⅰ、Ⅱ纵向围堰　4—预留缺口

5—导流底孔　6—Ⅱ期上、下游围堰轴线　7—护坦　8—封堵闸门槽　9—工作闸门槽

10—事故闸门槽　11—已浇筑的混凝土坝体　12—未浇筑的混凝土坝体

采用分段围堰法导流时，要因地制宜合理确定施工的分段和分期，避免由于时、段划分不合理给工程施工带来困难，延误工期；纵向围堰位置的确定，也就是河床束窄程度的选择是一个关键问题。在确定纵向围堰位置或选择河床束窄程度时，应重视下列问题：①束窄河床的流速要考虑施工通航、筏运以及围堰和河床防冲等因素，不能超过允许流速；②各段主体工程的工程量、施工强度要比较均衡；③便于布置后期导流用的泄水建筑物，不致使后期围堰尺寸或截流水力条件不合理，影响工程截流。

分段围堰法前期都利用束窄的原河床导流，后期要通过事先修建的泄水建筑物导流，常见的泄水建筑物有以下三种。

1.底孔导流

混凝土坝施工过程中，采用坝体内预设临时或永久泄水孔洞，使河水通过孔洞导向下游的施工导流方式称为底孔导流。底孔导流多用于分期修建的混凝土闸坝工程中，在全段围堰法的后期施工中，也常采用底孔导流。底孔导流的优点是挡水建筑物上部施工可以不受水流干扰，有利于均衡连续施工，对于修建高坝特别有利。若用坝体内设置的永久底孔作施工导流，则更为理想。其缺点是坝体内设置临时底孔，增加了钢材的用量；如果封堵质量差，不仅造成漏水，还会破坏大坝的整体性；在导流过程中，底孔有被漂浮物堵塞的可能性；封堵时，由于水头较高，安放闸门及止水均较困难。

底孔断面有方圆形、矩形或圆形。底孔的数目、尺寸、高程设置，主要取决于导流流量、截流落差、坝体削弱后的应力状态、工作水头、封堵（临时底孔）条件等因素。长江三峡水利枢纽工程三期截流后，采用 22 个底孔（每个底孔尺寸为 6.5 m×8.5 m）导流，进口水头为 33 m 时，泄流能力达 23000 m³/s。巴西土库鲁伊（Tucurui）水电站施工期的导流底孔为 40 个，每个底孔尺寸为 6.5 m×13 m，泄流能力达 35000 m³/s。

底孔的进出水口体型、底孔糙率、闸槽布置、溢流坝段下孔流的水流条件等都会影响底孔的泄流能力。底孔进水口的水流条件不仅影响泄流能力，也是造成空蚀破坏的重要因素。对盐锅峡水电站的施工导流底孔（4 m×9 m），进口曲线是折线，在该部位设置两道闸门。20 世纪 60 年代溢流坝溢洪时，封堵了底孔下游出口，仅几天时间，进口闸槽下约 12 m 范围内，底孔的上部及边墩内剥蚀深度达 2.5～3.0 m，中墩被穿通，无法继续使用。底孔泄流时还要防止对下游可能造成的冲刷。当单宽流量较大、消能不善、下游地质条件较差时，底孔泄流后有可能导致下游河床被冲刷。

对于临时底孔应根据进度计划，按设计要求做好封堵专门设计。

2. 缺口导流

混凝土坝施工过程中，在导流设计规定的部位和高程上，预留缺口，宣泄洪水期部分流量的临时性辅助导流度汛措施。缺口完成辅助导流任务后，仍按设计要求建成永久性建筑物。

缺口泄流流态复杂，泄流能力难以准确计算，一般以水力模型试验值作参考。进口主流与溢流前沿斜交或在溢流前沿形成回流、旋涡，是影响缺口泄流能力的主要因素。缺口的形式和高程不同，也严重影响泄流的分配。在溢流坝段设缺口泄流时，由于其底缘与已建溢流面不协调，流态很不稳定；在非溢流坝段设缺口泄流时，对坝下游河床的冲刷破坏应予以足够的重视。

在某些情况下，还应做缺口导流时的坝体稳定及局部拉应力的校核。

3. 厂房导流

利用正在施工中的厂房的某些过水建筑物，将原河水导向下游的导流方式称为厂房导流。

水电站厂房是水电站的主要建筑物之一，由于水电站的水头、流量、装机容量、水轮发电机组型号等因素及水文、地质、地形等条件各不相同，厂房形式各异，布置也各不相同。应根据厂房特点及发电的工期安排，考虑是否需要和可能利用厂房进行施工导流。

厂房导流的主要方式有以下三种：①来水通过未完建的蜗壳及尾水管导向下游；②来水通过泄水底孔导向下游，底孔可以布置在尾水管上部；③来水通过泄水底孔进口，经设置在尾水管锥形体内的临时孔进入尾水管导向下游。我国的大化水电站和西津水电站都采用了厂房导流方式。

以上按全段围堰法和分段围堰法分别介绍了施工导流的几种基本方法。在实际工程中，由于枢纽布置和建筑物形式的不同以及施工条件的影响，必须灵活应用，进行恰当组合才能比较合理地解决一个工程在整个施工期间的施工导流问题。如底孔和坝体缺口泄流，并不只适用于分段围堰法导流，在全段围堰法的后期导流中，也常常应用；隧洞和明渠泄流，同样并不只适用于全段围堰法导流，也经常被用于分段围堰法的后期导流中。因此，选择一个工程的导流方法时，必须因时因地制宜，绝不能机械地套用。

二、围堰

围堰是围护水工建筑物施工基坑，避免施工过程中受水流干扰而修建的临时挡水建筑物。在导流任务完成以后，如果未将围堰作为永久建筑物的一部分，围堰的存在妨碍永久水利枢纽的正常运行时，可以拆除。

根据施工组织设计的安排，围堰可围占一部分河床或全部拦断河床。按围堰轴线与水流方向的关系，可分为基本垂直水流方向的横向围堰及顺水流方向的纵向围堰；按围堰是否允许过水，可分为过水围堰和不过水围堰。通常围堰的基本类型是按围堰所用材料划分的。

（一）围堰的基本形式及构造

1. 土石围堰

在水利工程中，土石围堰通常是用土和石渣（或砾石）填筑而成的。由于土石围堰能充分利用当地材料，构造简单，施工方便，对地形地质条件要求低，便于加高培厚，所以应用较广。

土石围堰的上下游边坡取决于围堰高度及填土的性质。用砂土、黏土及堆石建造土石围堰，一般将堆石体放在下游，砂土和黏土放在上游以起防渗作用。堆石与土料接触带设置反滤，反滤层厚度不小于 0.3 m。用砂砾土及堆石建造土石围堰，则需设置防渗体。若围堰较高、工程量较大，往往要考虑将堰体作为土石坝体的组成部分，此时，对围堰质量的要求与坝体填筑质量要求完全相同。

土石坝常用土质斜墙或心墙防渗，如图 3-6 所示。也有用混凝土或沥青混凝土心墙防渗，并在混凝土防渗墙上部接土工膜材料防渗。当河床覆盖层较浅时，可在挖除覆盖层后直接在基岩上浇筑混凝土心墙，但目前更多的工程则是采用直接在堰体上造孔挖槽穿过覆盖层浇筑各种类型的混凝土防渗墙，如图 3-6（c）所示。早期的堰基覆盖层多用黏土铺盖加水泥灌浆防渗，如图 3-6（d）所示。近年来，高压喷射灌浆防渗逐渐兴起，效果较好。

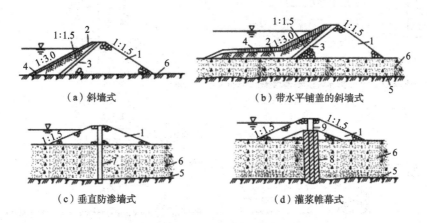

（a）斜墙式　　　　　　　　　（b）带水平铺盖的斜墙式

（c）垂直防渗墙式　　　　　　　（d）灌浆帷幕式

图3-6　土石围堰示意图

1—堆石体　2—黏土斜墙、铺盖　3—反滤层　4—护面　5—隔水层
6—覆盖层　7—垂直防渗墙　8—灌浆帷幕　9—黏土心墙

土石围堰还可以细分为土围堰和堆石围堰。

土围堰由各种土料填筑或水力冲填而成。按围堰结构分为均质和非均质土围堰，后者设斜墙或心墙防渗，土围堰一般不允许堰顶溢流。堰顶宽度根据堰高、构造、防汛、交通运输等要求确定，一般不小于 3 m。围堰的边坡取决于堰高、土料性质、地基条件及堰型等因素。根据不透水层埋藏深度及覆盖层具体条件，选用带铺盖的截水墙防渗或混凝土防渗墙防渗。为保证堰体稳定，土围堰的排水设施要可靠，围堰迎水面水流流速较大时，需设置块石或卵石护坡，土围堰的抗冲能力较差，通常只作横向围堰。

堆石围堰由石料填筑而成，需设置防渗斜墙或心墙，采取护面措施后堰顶可溢流。上、下游坡由堰高、填石要求及是否溢流等条件决定。溢流的堰体则视溢流单宽流量、上下游水位差、上下游水流衔接条件及堰体结构与护坡类型而定，堰体与岸坡连接要可靠，防止接触面渗漏。在土基上建造堆石围堰时，需沿着堰基面预设反滤层。堰体者与土石坝结合，堆石质量要满足土石坝的质量要求。

2. 草土围堰

草土围堰是指为避免河道水流干扰，用麦草、稻草和土作为主要材料建成的围护施工基坑的临时挡水建筑物，如图 3-7 所示。

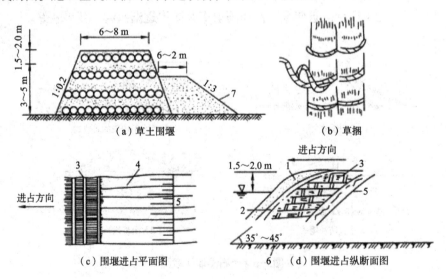

（a）草土围堰　（b）草捆

（c）围堰进占平面图　（d）围堰进占纵断面图

图3-7　草土围堰及其施工过程示意图

1—黏土　2—散草　3—草捆　4—草绳　5—岸坡或已建堰体　6—河底　7—戗台

我国两千多年以前，就有将草、土材料用于宁夏引黄灌溉工程及黄河堵口工程的记载，在青铜峡、八盘峡、刘家峡及盐锅峡等黄河上的大型水利工程中，也都先后采用过草土围堰这种筑堰形式。

草土围堰底宽为堰高的 2 ～ 3 倍，围堰的顶宽一般采用水深的 2 ～ 2.5 倍。在堰顶有压重，并能够保证施工质量且地基为岩基时，水深与顶宽比可采用 1 ：1.5。内外边坡按稳定要求核定，为 1 ：0.2 ～ 1 ：0.5，如图 3-7 (a) 所示。一般每立方米土用草 75 ～ 90 kg，草土体的密度约为 1.1 t/m³，稳定计算时草与砂卵石、岩石间的摩擦系数分别采用 0.4 和 0.5，草土体的逸出坡降一般控制在 0.5 左右。堰顶超高取 1.5 ～ 2 m。

草土围堰可在水流中修建，其施工方法有散草法、捆草法和端捆法，普遍采用的是捆草法。用捆草法修筑草土围堰时，先将两束直径为 0.3 ～ 0.7 m、长为 1.5 ～ 2 m、重约 5 ～ 7 kg 的草束用草绳扎成一捆，并使草绳留出足够的长度，如图 3-7 (b) 所示；然后沿河岸在拟修围堰的整个宽度范围内分层铺草捆，铺一层草捆、填一层土料（黄土、粉土、沙壤土或黏土），铺好后的土料只需人工踏实即可，每层草捆应按水深大小叠接 1/3 ～ 2/3，这样层层压放的草捆形成一个斜坡，坡角为 35° ～ 45°，直到高出水面 1 m 以上为止；随后在草捆层的斜坡上铺一层厚 0.2 ～ 0.3 m 的散草，再在散草上铺上一层约 0.3 m 厚的土层，这样就完成了堰体的压草、铺草和铺土工作的一个循环；连续进行以上施工过程，堰体即可不断前进，后部的堰体则渐渐沉入河底。当围堰出水后，在不影响施工进度的前提下，争取铺土打夯，把围堰逐步加高到设计高程，如图 3-7 (c)、(d) 所示。

草土围堰具有就地取材、施工简便、拆除容易、适应地基变形、防渗性能好等特点，特别在多沙河流中，可以快速闭气。在青铜峡水电站施工中，只用 40 d 时间，就在最大水深 7.8 m、流量 1900 m³/s、流速 3 m/s 的河流上，建成长 580 m、工程量达 7 万 m³ 的草土围堰。但这种围堰不能承受较大水头，一般适用于水深为 6 ～ 8 m、流速为 3 ～ 5 m/s 的场合。草土围堰的沉陷量较大，一般为堰高的 6% ～ 7%。草料易于腐烂，使用期限一般不超过两年。在草土围堰的接头，尤其是软硬结构的连接处比较薄弱，施工时应特别予以重视。

3. 混凝土围堰

混凝土围堰的抗冲与抗渗能力强，挡水水头高，底宽小，易于与永久混凝土建筑物相连接，必要时还可过水，既可作横向围堰，又可作纵向围堰，因此使用范围比较广泛。在国外，采用拱型混凝土围堰的工程较多。近年来，国内贵州省乌江渡、湖南省凤滩等水利水电工程也采用过拱型混凝土围堰作横向围堰，但做得多的还是纵向重力式混凝土围堰。

混凝土围堰对地基要求较高，多建于岩基上。修建混凝土围堰，往往要先建临时土石围堰，并进行抽水、开挖、清基后才能修筑。混凝土围堰的形式主要有重力式和拱型两种。

（1）重力式混凝土围堰。

施工中采用分段围堰法导流时，常用重力式混凝土围堰兼作第一期和第二期纵向围堰，两侧均能挡水，还能作为永久建筑物组成的一部分，如隔墙、导墙等。重力式混凝土围堰的断面型式与混凝土重力坝的断面型式相同。为节省混凝土，围堰不与坝体接合的部位，常采用空框式、支墩式和框格式等。重力式混凝土围堰基础面一般都设排水孔，以增强围堰的稳定性并可节约混凝土。碾压混凝土围堰投资少、施工速度快、应用潜力巨大。三峡水利枢纽三期上游挡水发电的碾压混凝土围堰，全长 572 m，最大堰高 124 m，混凝土用量 168 万 m^3/月，最大上升高度 23 m，月最大浇筑强度近 40 万 m^3。

（2）拱型混凝土围堰。

拱型混凝土围堰一般适用在两岸陡峻、岩石坚实的山区或河谷覆盖层不厚的河流上，如图 3-8 所示。此时常采用隧洞及允许基坑淹没的导流方案。这种围堰高度较高，挡水水头在 20 m 以上，能适应较大的上下游水位差及单宽流量，技术上也更可靠。通常围堰的拱座是在枯水期水面以上施工的，当河床的覆盖层较薄时也可进行水下清基、立模、浇筑部分混凝土；若覆盖层较厚则可灌注水泥浆防渗加固。堰身的混凝土浇筑则要进行水下施工，难度较高。在拱基两侧要回填部分砂砾料以利于灌浆，形成阻水帐幕。有的工程在堆石体上修筑重力式拱型围堰，其布置如图 3-9 所示。围堰的修筑通常从岸边沿围堰轴线向水中抛填砂砾石或石渣进占；出水后进行灌浆，使抛填的砂砾石体或石渣体固结，并使灌浆帷幕穿透覆盖层直至隔水层；然后在砂砾石体或石渣体上浇筑重力式拱型混凝土围堰。

拱型混凝土围堰与重力式混凝土围堰相比，断面较小，节省混凝土用量，施工速度较快。

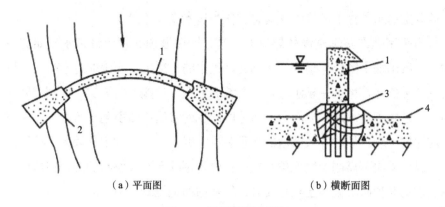

（a）平面图　　　　　　　（b）横断面图

图3-8　拱型混凝土围堰

1—拱身　2—拱座　3—覆盖层　4—地面

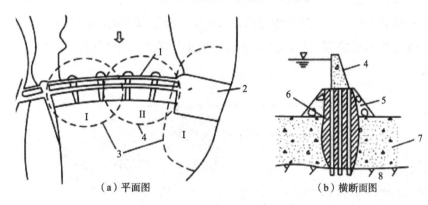

（a）平面图　　　　　　　（b）横断面图

图3-9　建在堆石体上的重力式拱型混凝土围堰

1—主体建筑物　2—水电站　3—期围堰　4—二期围堰
5—堆石体　6—灌浆帷幕　7—覆盖层　8—隔水层

4.过水围堰

过水围堰是在一定条件下允许堰顶过水的围堰。过水围堰既能担负挡水任务，又能在汛期泄洪，适用于洪枯流量比值大、水位变幅显著的河流。其优点是减小施工导流泄水建筑物规模，但过流时基坑内不能施工。对于可能出现枯水期有洪水而汛期又有枯水的河流，可通过施工强度和导流总费用（包括导流建筑物和淹没基坑的费用总和）的技术经济比较，选用合理的挡水设计流量。一般情况下，根据水文特性及工程重要性，给出枯水期5%～10%频率的几个流量值，通过分析论证选取，选取的原则是力争在枯水年能全年施工。为了保证堰体在过水条件下的稳定性，还需要通过计算或试验确定过水条件下的最不利流量，作为过水设计流量。

当采用允许基坑淹没的导流方案时，围堰堰顶必须允许过水。如前所述，土石围堰是散粒体结构，是不允许过水的。因为土石围堰过水时，一般受到两种破坏作用：一是水流往下游坡面下泄，动能不断增加，冲刷堰体表面；二是由于过水时水流渗入堆石体所产生的渗透压力引起下游坡面同堰顶一起深层滑动，最后导致溃堰的严重后果。因此，土石过水围堰的下游坡面及堰脚应采用可靠的加固保护措施。目前采用的有：大块石护面、钢丝笼护面、加钢筋护面及混凝土板护面等，较普遍的是混凝土板护面。

（1）混凝土板护面过水土石围堰。

江西省上犹江水电站采用的便是混凝土板护面过水土石围堰。围堰由维持堰体稳定的堆石体、防止渗透的黏土斜墙、满足过水要求的混凝土护面板以及维持堰体和护面板抗冲稳定性的混凝土挡墙等部分所构成，如图3-10所示。

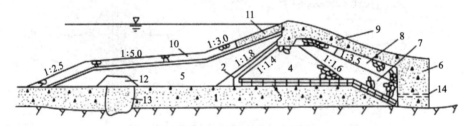

图3-10　江西省上犹江水电站混凝土板护面过水土石围堰

1—堆石体　2—反滤层　3—柴排护体　4—堆石体　5—黏土防渗斜墙
6—毛石混凝土挡墙　7—回填块石　8—干砌块石　9—混凝土护面板
10—块石护面板　11—混凝土护面板　12—黏土顶盖　13—水泥灌浆　14—排水孔

混凝土护面板的厚度初拟时可为 0.4～0.6 m、边长为 4～8 m，其后尺寸应通过强度计算和抗滑稳定性验算确定。

混凝土护面板要求不透水，接缝要设止水，板面要平顺，以免在高速水流影响下发生气蚀或位移。为加强面板间的相互牵制作用，相邻面板可用 $\phi(6～16)$ mm 的钢筋连接在一起。

混凝土护面板可以预制也可以现浇，但面板的安装或浇筑应错缝、跳仓，施工时应从下游面坡脚向堰顶进行。

过水土石围堰的修建，需将设计断面分为两期。第一期修建所谓"安全断面"，即在导流建筑物泄流情况下，进行围堰截流、闭气、加高培厚，先完成临时断面然后抽水排干基坑，如图3-11（a）所示，第二期在安全断面挡水条件下修建混凝土挡墙，如图3-11（b）所示，并继续加高培厚修筑堰顶及下游坡护面等，直至完成设计断面，如图3-11（c）所示。

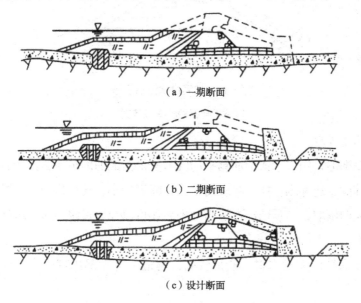

（a）一期断面

（b）二期断面

（c）设计断面

图3-11　过水围堰施工程序示意图

（2）加筋过水土石围堰。

20世纪50年代以来，为了解决堆石坝的度汛、泄洪问题，国外已成功建成了多座加筋过水堆石坝，坝高达20～30 m，坝顶过水泄洪能力达每秒近千立方米。加筋过水土石坝解决了堆石体的溢洪过水问题，从而为解决土石围堰过水问题开辟了新的途径。加筋过水土石围堰，如图3-12所示，是在围堰的下游坡面上铺设钢筋网，以防坡面的石块被冲走，并在下游部位的堰体内埋设水平向主锚筋以防止下游坡连同堰顶一起滑动。下游面采用钢筋网护面可使护面石块的尺寸减小、下游坡角加大，其造价低于混凝土板护面过水土石围堰。

必须指出的是：①加筋过水土石围堰的钢筋网应保证质量，不然过水时随水挟带的石块会切断钢筋网，使土石料被水流淘刷成坑，造成塌陷，导致溃口等严重事故；②过水时堰身与两岸接头处的水流比较集中，钢筋网与两岸的连接应十分牢固，一般需回填混凝土直至堰脚处，以利钢筋网的连接生根；③过水以后要进行检修和加固。

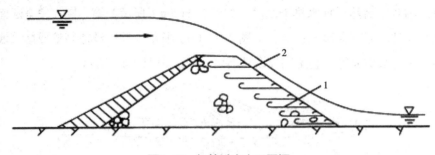

图3-12　加筋过水土石围堰

1—水平向主锚筋　2—钢筋网

5. 木笼围堰

木笼围堰是用方木或两面锯平的圆木叠搭而成的内填块石或卵石的框格结构，其耐水流冲刷，能承受较高水头，断面较小，既可作为横向围堰，又可作为纵向围堰，其顶部经过适当处理后还可以允许过水。通常木笼骨架在岸上预制，水下沉放。

木笼需耗用大量木材，造价较高，建造和拆除都比较困难，现已较少使用。

6. 钢板桩围堰

用钢板桩设置单排、双排或格型体，既可建于岩基上，又可建于土基上，其抗冲刷能力强，断面小，安全可靠。堰顶浇筑混凝土盖板后可溢流。钢板桩围堰的修建、拆除可用机械施工，钢板桩回收率高，但质量要求较高，涉及的施工设备也较多。

钢板桩格型围堰按挡水高度不同，其平面型式有圆筒形格体、扇形格体及花瓣形格体，应用较多的是圆筒形格体。

圆筒形格体钢板桩围堰是由一字形钢板桩拼装而成的，由一系列主格体和联弧段所构成。格体内填充透水性较强的填料，如砂、砂卵石或石渣等。

圆筒形格体的直径 D，根据经验一般取挡水高度 H 的 90% ~ 140%，平均宽度 B 为 0.85D，平均长度 L 为（1.2 ~ 1.33）D。圆筒形格体钢板桩围堰不是一个刚性体，而是一个柔性结构，格体挡水时允许产生一定幅度的变位，提高圆筒内填料本身抗剪强度及填料与钢板之间的抗滑能力，有助于提高格体抗剪稳定性。钢板桩锁口由于受到填料侧压力作用，需校核其抗拉强度。

圆筒形格体钢板桩围堰的修建由定位、打设模架支柱、模架就位、安插钢板桩、打设钢板桩、填充料渣、取出模架及其支柱和填充料渣到达设计高程等工序组成。

（二）围堰形式的选择

围堰的基本要求：①具有足够的稳定性、防渗性、抗冲性及一定的强度；②造价低，工程量较少，构造简单，修建、维护及拆除方便；③围堰之间的接头、围堰与岸坡的连接要安全可靠；④混凝土纵向围堰的稳定与强度，需充分考虑不同导流时期，双向先后承受水压的特点。

选择围堰型式时，必须根据当地具体条件，施工队伍的技术水平、施工经验和特长，在满足围堰基本要求的前提下，通过技术经济分析对比，加以选择。

（三）导流标准

导流建筑物级别及其设计洪水的标准称为导流标准。导流标准是确定导流设计流量的依据，而导流设计流量是选择导流方案、确定导流建筑物规模的主要设计依据。导流标准与工程所在地的水文气象特征、地质地形条件、永久建筑物类型、施工工期等直接相关，需要结合工程实际，全面综合分析其技术上的可行性和经济上的合理性，准确选择导流建筑物级别及设计洪水标准，使导流设计流量尽量符合实际施工流量，以减少风险，节约投资。

1.导流时段划分

施工过程中，随着工程进展，施工导流所用的临时或永久挡水、泄水建筑物（或结构物）也在相应发生变化。导流时段就是按照导流程序划分的各施工阶段的延续时间。

水利工程在整个施工期间都存在导流问题。根据工程施工进度及各个时期的泄水条件，施工导流可以分为初期导流、中期导流和后期导流三个阶段。初期导流即围堰挡水阶段的导流。在围堰保护下，在基坑内进行抽水、开挖及主体工程施工等工作；中期导流即坝体挡水阶段的导流。此时导流泄水建筑物尚未封堵，但坝体已达拦洪高程，具备挡水条件，故改由坝体挡水。随着坝体升高、库容加大，防洪能力也逐渐增大；后期挡水即从导流泄水建筑物封堵到大坝全面修建到设计高程时段的导流。这一阶段，永久建筑物已投入运行。

通常河流全年流量的变化具有一定的规律性。按其水文特征可分为枯水期、中水期和洪水期。在不影响主体工程施工的条件下，若导流建筑物只负担枯水期的挡水及泄水任务，显然可以大大减少导流建筑物的工程量，改善导流建筑物的工作条件，具有明显的技术经济效益。因此，合理划分导流时段，明确不同时段导流建筑物的工作状态，是安全、经济地完成导流任务的基本要求。

导流时段的划分与河流的水文特征、水工建筑物的形式、导流方案、施工进度等有关。一般情况下，土坝、堆石坝和支墩坝不允许过水，因此当施工期较长而汛期来临前又不能建完时，导流时段划分就要考虑以全年为标准。此时，按导流标准要求，应该选择一定频率下的年最大流量作为导流设计流量；如果安排的施工进度能够保证在洪水来临前使坝体达到拦洪高程，则导流时段即可按洪水来临前的施工时段作为划分依据，并按导流标准要求，该时段内具有一定频率的最大流量即为导流设计流量。采用分段围堰法导流，当后期用临时底孔导流来修建混凝土坝时，一般宜划分为三个导流时段：第一时段河水由束窄河床通过，进行第一期基坑内的工程施工；第二时段河水由导流底孔下泄，进行第二期基坑内的工程施工；第三时段进行底孔封堵，坝体全面升高，河水由永久泄水建筑物下泄，也可部分或完全拦蓄在水库中，直到工程完建。在各时段中，围堰和坝体的挡水高程和泄水建筑物的泄水能力，均应以相应时段内一定频率的最大流量作为导流设计流量。

山区型河流特点是洪水期流量大、历时短，而枯水期流量则特别小，因此水位变幅很大。如上犹江水电站，坝型为混凝土重力坝，坝身允许过水，其所在河道正常水位时水面宽仅 40 m，水深为 6～8 m，当洪水来临时，河宽增加不大，但水深却增加到 18 m。若按一般导流标准要求来设计导流建筑物，不是挡水围堰修得很高，就是泄水建筑物的尺寸要求很大，而使用期又不长，这显然是不经济的。在这种情况下可以考虑采用允许基坑淹没的导流方案，即洪水来临时围堰过水，基坑被淹没，河床部分停工，待洪水过后围堰挡水时，再继续施工。这种方案由于基坑淹没引起的停工天数很短，不致影响施工总进度，而导流总费用（导流建筑物费用与淹没损失费用之和）却较省，所以是合理可行的。

导流总费用最低的导流设计流量，必须经过技术经济效益比较确定，其计算程序为：①根据河流的水文特征，假定一系列的流量值，分别求出泄水建筑物上、下游的水位。②根据这些水位决定导流建筑物的主要尺寸、工程量，估算导流建筑物的费用。③估算由于基坑淹没一次所引起的直接和间接损失。属于直接损失的有基坑排水费，基坑清淤费，围堰及其他建筑物损坏的修理费，施工机械撤离和返回基坑的费用以及无法搬运的机械被淹没后的修理费，道路、交通和通信设施的修理费用，劳动力和机械的窝工损失费等；属于间接损失的项目是，由于有效施工时间缩短而增加的劳动力、机械设备、生产企业的规模、临时房屋等的费用。④根据历年实测水文资料，用统计超过上述假定流量值的总次数除以统计年数得到年平均超过次数，即年平均淹没次数。根据主体工程施工的跨汛年数，即可算出整个施工期内基坑淹没的总次数及淹没损失总费用。⑤绘制流量与导流建筑物费用、基坑淹没损失费用的关系曲线，如图3-13的曲线1和2所示，并将它们叠加求得流量与导流总费用的关系，如图3-13的曲线3。显然，曲线3上的最低点，即导流总费用最低时的导流设计流量。

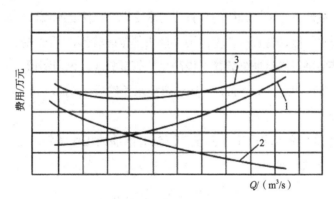

图3-13　导流建筑物费用、基坑淹没损失费用与导流设计流量的关系

1—导流建筑物费用曲线　2—基坑淹没损失费用曲线　3—导流总费用曲线

2.导流设计标准

导流设计标准是对导流设计中采用的设计流量频率的规定。导流设计标准一般随永久建筑物级别及导流阶段的不同而有所不同，应根据水文特性、流量过程线特性、围堰类型、永久建筑物级别、不同施工阶段库容、失事后果及影响等确定导流设计标准。总的要求是：初期导流阶段的标准可以低一些，中期和后期导流阶段的标准应逐步提高；当要求工程提前发挥效益时，相应导流阶段的设计标准应适当提高；对于特别重要的工程或下游有重要工矿企业、交通枢纽以及城镇的情况，导流设计标准也应适当提高。

（四）围堰的平面布置与堰顶高程

1. 围堰平面位置

围堰的平面布置是一项很重要的设计任务。如果布置不当，围护基坑的面积过大，会增加排水设备容量；面积过小，会妨碍主体工程施工，影响工期；严重的话，会造成水流不畅，围堰及其基础被水冲刷，直接影响主体工程的施工安全。

根据施工导流方案、主体工程轮廓、施工对围堰的要求以及水流宣泄通畅等条件进行围堰的平面布置。全部拦断河床采用河床外导流方式，只布置上、下游横向围堰；分期导流除布置横向围堰外，还要布置纵向围堰。横向围堰一般布置在主体工程轮廓线以外，并要考虑给排水设施、交通运输、堆放材料及施工机械等留有充足的空间；纵向围堰与上、下游横向围堰共同围住基坑，以保证基坑内的工程施工。混凝土纵向围堰的一部分或全部常作为永久建筑物的组成部分。围堰轴线的布置要力求平顺，以防止水流产生旋涡淘刷围堰基础。迎水一侧，特别是在横向围堰接头部位的坡脚，需加强抗冲保护。对于松软地基要进行渗透坡降验算，以防发生管涌破坏。纵向围堰在上、下游的延伸视冲刷条件而定，下游布置一般结合泄水条件综合考虑。

2. 堰顶高程

堰顶高程的确定取决于导流设计流量和围堰的工作条件。不过水围堰堰顶高程可按下式计算：

$$H_1 = h_1 + hb_1 + \delta \qquad （3-1）$$

$$H_2 = h_2 + hb_2 + \delta \qquad （3-2）$$

式中：H——上、下游围堰堰顶高程，m；

h——上、下游围堰处的设计洪水静水位，m；

h_b——上、下游围堰处的波浪爬高，m；

δ——安全超高，m，见表3-1。

表3-1　不过水围堰堰顶安全超高下限值

围堰形式	围堰级别	
	Ⅲ	Ⅳ～Ⅴ
土石围堰	0.7m	0.5m
混凝土围堰	0.4m	0.3m

　　上游设计洪水静水位取决于设计导流洪水流量及泄水能力。当利用永久泄水建筑物导流时，若其断面尺寸及进口高程已给定，则可通过水力计算求出上游设计洪水静水位；当用临时泄水建筑物导流时，可求出不同上游设计洪水静水位对应的围堰与泄水建筑物总造价，从中选出最经济的上游设计洪水静水位。

　　上游设计洪水静水位的具体计算方法如下。

　　当采用渡槽、明渠、明流式隧洞或分段围堰法的束窄河床导流时，设计洪水静水位按下式计算：

$$h_1 = H + h + Z \qquad (3-3)$$

式中：H——泄水建筑物进口底槛高程，m；

　　　　h——进口处水深，m；

　　　　Z——进口水位落差，m。

　　计算进口处水深，首先应判断其流态。对于缓流，应做水面曲线进行推算，但近似计算时，可采用正常水深；对于急流，可以采用近似临界水深进行计算。

　　进口水位落差 Z 可用下式计算：

$$Z = \frac{v^2}{2g\varphi^2} - \frac{v_0^2}{2g} \qquad (3-4)$$

式中：v——进口内流速，m/s；

　　　　v_0——上游行进流速，m/s；

　　　　φ——考虑侧向收缩的流速系数，随紧扣形状不同而变化，一般取
　　　　　　0.8～0.85；

　　　　g——重力加速度，9.81 m/s^2。

　　当采用隧洞、涵管或底孔导流并为压力流时，设计洪水静水位按下式

计算：

$$h_1 = H + h \qquad\qquad (3\text{-}5)$$

$$h = h_p - iL + \frac{v^2}{2g}\left(1 + \sum \xi_1 + \xi_2 L\right) - \frac{v_0^2}{2g} \qquad (3\text{-}6)$$

式中：H——隧洞等进水口底槛高程，m；

$\quad h$——隧洞进水前水深，m；

$\quad h_p$——从隧洞出口底槛算起的下游计算水深，当出口实际水深小于洞

$\qquad\quad$ 高时，按 85% 洞高计算；

$\quad \Sigma\xi_1$——局部水头损失系数总和；

$\quad \xi_2$——沿程水头损失系数；

$\quad v$——洞内平均流速，m/s；

$\quad i$——隧洞纵向坡降；

$\quad L$——隧洞长度，m。

下游围堰的设计洪水静水位，可以根据该处的水位—流量关系曲线确定。当泄水建筑物出口较远，河床较陡，水位较低时，也可能不需要下游围堰。

纵向围堰的堰顶高程，要与束窄河段宣泄导流设计流量时的水面曲线相适应。因此，纵向围堰的顶面通常做成倾斜状或阶梯状，其上、下端分别与上、下游围堰同高。

过水围堰的高程应通过技术经济比较确定。从经济角度出发，求出围堰造价与基坑淹没损失之和最小的围堰高程；从技术角度出发，对修筑一定高度过水围堰的技术水平作出可行性评价。一般过水围堰堰顶高程按静水位加波浪爬高确定，不再加安全超高。

（五）围堰的防渗、防冲

围堰的防渗和防冲是保证围堰正常工作的关键问题，对土石围堰来说尤为重要。一般土石围堰在流速超过 3.0 m/s 时，会发生冲刷现象，尤其在采用分段围堰法导流时，若围堰布置不当，在束窄河床段的进、出口和沿纵向围堰会出现严重的涡流，淘刷围堰及其基础，导致围堰失事。

如前所述，土石围堰的防渗一般采用斜墙、斜墙接水平铺盖、垂直防渗墙或灌浆帷幕等措施。围堰一般需在水中修筑，因此，如何保证斜墙和水平

铺盖的水下施工质量是一个关键课题。大量工程实践表明，尽管斜墙和水平铺盖的水下施工难度较大，但只要施工方法选择得当，是能够保证质量的。

第二节　施工截流

施工导流中截断原河道，迫使原河床水流流向预留通道的工程措施称为截流。为了施工需要，有时采用全河段水流截断方式，通过河床外的泄水建筑物把水流导向下游。有时采用河床内分期导流方式，分段把河道截断，水流通过束窄的河床或河床内的泄水建筑物导向下游。截流实际上就是在河床中修筑横向围堰的施工。

截流是一项难度比较大的工作，在施工导流中占有重要地位，如果截流不能按时完成，就会延误整个河床部分建筑物的开工日期；如果截流失败，失去了以水文年计算的良好截流时机，则工期拖延可能达一年。所以在施工导流中，常把截流视为影响工程施工全局的一个控制性项目。

截流之所以被重视，还因为截流本身无论在技术上还是施工组织上都具有相当的艰巨性和复杂性。为了成功截流，必须充分掌握河流的水文特性和河床的地形、地质条件，掌握在截流过程中水流的变化规律及其对截流的影响。为了顺利地进行截流，必须在非常狭小的工作面上以相当大的施工强度在较短的时间内完成截流的各项工作，为此必须有极严密的施工组织与措施。特别是大河流的截流工程，事先必须进行缜密的设计和水工模型试验，对截流工作作出充分的论证。此外，在截流开始之前，还必须切实做好器材、设备和组织上的准备。

一、截流的基本方法

（一）平堵截流

平堵截流是指沿戗堤轴线的龙口架设浮桥或固定式栈桥，或利用缆机等其他跨河设备，并沿龙口全线均匀抛筑戗堤（抛投料形成的堆筑体），逐渐上升，直至截断水流，戗堤露出水面，如图 3-14 所示。平堵截流方式的水力条件好，但准备工作量大，造价高。

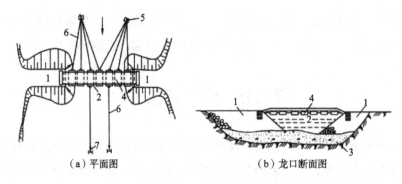

（a）平面图　　　　　（b）龙口断面图

图3-14　平堵截流示意图

1—截流戗堤　2—龙口　3—覆盖层　4—浮桥　5—锚墩　6—钢缆　7—铁锚

（二）立堵截流

立堵截流是指由龙口一端向另一端，或由龙口两端向中间抛投截流材料，逐步进占，直至合龙的截流方式，如图3-15所示。立堵截流方式无须架设桥梁，准备工作量小，截流前一般不影响通航，抛投技术灵活，造价较低。但龙口束窄后，水流流速分布不均匀，水力条件较平堵差。立堵截流截流量最大的是我国长江三峡水利枢纽，其实测指标为：流量8480～11600 m^3/s，最大流速4.22 m/s；抛投的一部分岩块最大重量达10 t以上；最大抛投强度19.4万 m^3/d。

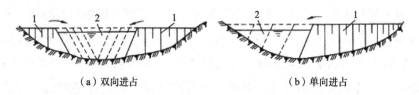

（a）双向进占　　　　　（b）单向进占

图3-15　立堵截流示意图

1—截流戗堤　2—龙口

（三）平立堵截流

平立堵截流是指平堵与立堵截流相结合、先平堵后立堵的截流方式。这种方式主要是指先用平堵抛石方式保护河床深厚覆盖层，或在深水河流中先抛石垫高河床以减小水深，再用立堵方式合龙完成截流任务。青铜峡水电站原河床砂砾覆盖层厚6·8 m，截流施工中，采取平抛块石护底后立堵合龙。三峡水利枢纽截流时，最大水深达50 m，用平抛块石垫高河深近40 m后立堵截流成功。

（四）立平堵截流

立平堵截流是指立堵截流与平堵截流结合、先立堵后平堵的截流方式。这种截流方式的施工方法为，先在未设截流栈桥的龙口段用立堵进占，达到预定部位后，再采用平堵截流方式完成合龙任务。其优点是，可以缩短截流桥的长度，节约造价；将截流过程中最困难区段，由水力条件相对优越一些的平堵截流来完成，比单独采用立堵截流的难度要小一些。

二、截流日期、截流设计流量及截流材料

（一）截流日期与截流设计流量

选择截流日期，既要把握截流时机，选择最枯流量进行截流，又要为后续的基坑工作和主体建筑物施工留有余地，不致影响整个工程的施工进度。

在确定截流日期时，应当考虑下述条件：①截流以后，需要继续加高围堰，完成排水、清基、基础处理等大量基坑工作，并应把围堰或永久建筑物在汛期前抢修到拦洪高程以上。为了保证这些工作的完成，截流日期应尽量提前。②在通航的河流上进行截流，截流日期最好选择在对通航影响最小的时期内。因为截流过程中，航运必须停止，即使船闸已经修好，但因截流时水位变化较大，须暂停航运。③在北方有冰凌的河流上，截流不应在流冰期进行。因为冰凌很容易堵塞河床或导流泄水建筑物壅高上游水位，给截流带来极大的困难。

此外，在截流开始前，应修好导流泄水建筑物，并做好过水准备，如消除影响泄水建筑物正常运行的围堰或其他设施，开挖引水渠，完成截流所需的一切材料、设备、交通道路的准备等。

因此，截流日期一般多选在枯水期间流量已有显著下降的时段，而不一定选在流量最小的时刻。然而，在截流设计时，根据历史水文资料确定的枯水期和截流流量与截流时的实际水文条件往往有一定出入，必须在实际施工中根据当时的水文气象预报及实际水情分析进行修正，最后确定截流日期。龙口合龙所需的时间往往很短，一般从数小时到几天。为了估计在此时段内可能会出现的水情，以便制定应对策略，须选择合理的截流设计流量。一般可按工程的重要程度选用截流时期内 5%～10% 频率的旬或月平均流量。如

果水文资料不足，可用短期的水文观测资料或根据条件类似的工程来选择截流设计流量。无论用什么方法确定截流设计流量，都必须根据当时实际情况和水文气象预报加以修正，将修正后的流量作为指导截流施工的依据，并做好截流的各项准备工作。

（二）龙口位置与宽度

龙口位置的选择与截流工作的顺利与否有密切关系。选择龙口位置时，需要考虑以下技术要求：①一般来说，龙口应设置在河床主流部位，龙口水流力求与主流平顺一致，以使截流过程中河水能顺畅地经龙口下泄。但有时也可以将龙口设置在河滩上，此时，为了使截流时的水流平顺，根据流量大小，应在龙口上、下游沿河流流向开挖引渠。龙口设在河滩上时一些准备工作就不必在深水中进行，这对确保施工进度和施工质量均有益处。②龙口应选择在耐冲河床上，以免截流时因流速增大而引起过分冲刷。如果龙口段河床覆盖层较薄时，则应予以清除。③龙口附近应有较宽阔的场地，以便合理规划并布置截流运输路线及制作、堆放截流材料的场地。

龙口宽度原则上应尽可能窄一些，这样合龙的工程量较小，截流持续时间也短些，但以不引起龙口及其下游河床的冲刷为限。为了提高龙口的抗冲能力，减少合龙的工程量，须对龙口加以保护。龙口的防护包括护底和裹头。护底一般采用抛石、沉排、竹笼、柴石枕等。裹头就是用石块、块石铁丝笼、黏土麻袋包或草包、竹笼、柴石枕等把戗堤的端部保护起来，以防被水流冲坍。裹头多用于平堵戗堤两端或立堵进占端对面的戗堤。龙口宽度及其防护措施，可根据相应的流量及龙口的抗冲流速来确定。在通航河道上，当截流准备期通航设施尚不能投入运用时，船只仍需在拟截流的龙口通过，这时龙口宽度便不能太窄，流速也不能太快，以免影响航运。

（三）截流材料

截流材料的选择主要取决于截流时可能发生的流速及工地所用开挖、起重、运输等机械设备的能力，一般应尽可能就地取材。在黄河上，长期以来使用梢料、麻袋、草包、石料、土料等作为提防溃口的截流堵口材料；在我国南方地区，如四川都江堰，则常用卵石竹笼、砾石和相槎等作为截流堵河分流的主要材料。国内外大河流截流的实践证明，块石是截流的基本材料。此外，当截流水力条件较差时，还须使用混凝土六面体、四面体、四脚体及钢筋混凝土构架等。

三、截流水力计算

截流水力计算主要解决两个问题：一是确定截流过程中龙口各水力参数，如单宽流量 q、落差 z 及流速 v 等的变化规律；二是确定截流材料的尺寸或重量。通过水力计算，赶在截流前可以有计划、有目的地准备各种尺寸或重量的截流材料，规划截流现场的场地布置，选择起重及运输设备，而且在截流时，能预先估算出不同龙口宽度的截流参数，以便制定详细的截流施工方案，如抛投截流材料的尺寸、重量、形状、数量及抛投时间和地点等。

在截流过程中，上游来水量，也就是截流设计流量，将分别经由龙口、分水建筑物及戗堤的渗漏下泄，并有一部分拦蓄在水库中。截流过程中，若库容不大，拦蓄在水库中的水量可以忽略不计。对于立堵截流，作为安全因素，也可忽略经由戗堤渗漏的水量。这样，截流时的水量平衡方程式为：

$$Q_0 = Q_1 + Q_2$$

式中：Q_0——截流设计流量，m^3/s；

　　　Q_1——分水建筑物的泄流量，m^3/s；

　　　Q_2——龙口的泄流量（可按宽顶堰计算），m^3/s。

随着截流戗堤的进占，龙口逐渐被束窄，由于分水建筑物和龙口的泄流量是变化的，但二者之和恒等于截流设计流量。其变化规律是：截流开始时，截流设计流量的大部分经由龙口泄流。随着截流戗堤的逐步进占，龙口断面不断缩小，上游水位不断上升，经由龙口的泄流量越来越小，而经由分水建筑物的泄流量则越来越大。龙口合龙闭气以后，截流设计流量全部经由分水建筑物泄流。

为了计算方便，可采用图解法。图解时，先绘制上游水位 H_u 与分水建筑物泄流量 Q_1 和不同龙口宽度 B 的泄流量关系曲线，如图3-16所示。在绘制曲线时，下游水位可根据截流设计流量，在下游水位一流量关系曲线上查得。这样在同一上游水位情况下，当分水建筑物泄流量与某宽度龙口泄流量之和为 Q_0 时，即可分别得到 Q_1 和 Q_2。

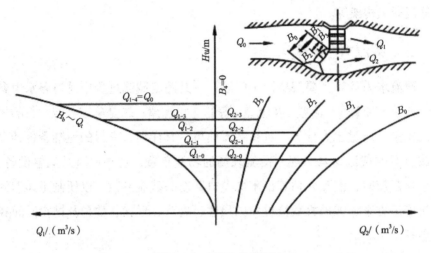

图3-16 Q_1 和 Q_2 的图解法

由于平堵、立堵截流的水力条件非常复杂，尤其是立堵截流，上述计算只能作为初步依据。在大、中型水利水电工程中，截流工程必须进行模型试验。但模型试验对抛投体的稳定性也只能给出定性的分析，还不能满足定量要求。在试验的基础上，还必须参考类似工程的截流经验，作为修改截流设计的依据。

第三节 施工度汛

保护跨年度施工的水利工程，在施工期间安全度过汛期而不遭受洪水损害的措施称为施工度汛。施工度汛，需根据已确定的当年度汛洪水标准，制订度汛规划及技术措施。

一、施工度汛阶段

水利枢纽在整个施工期间都存在度汛问题，一般分为三个施工度汛阶段：①基坑在围堰保护下进行抽水、开挖、地基处理及坝体修筑，汛期完全靠围堰挡水，叫作围堰挡水的初期导流度汛阶段；②随着坝体修筑高度的增加，坝体高于围堰，从坝体可以挡水到临时导流泄水建筑物封堵这一时段，叫作大坝挡水的中期导流度汛阶段；③从临时导流泄水建筑物封堵到水利枢纽基本建成，永久建筑物具备设计泄洪能力，工程开始发挥效益这一时段，叫作施工蓄水期的后期导流度汛阶段。施工度汛阶段的划分与前面提到的施工导流阶段是完全吻合的。

二、施工度汛标准

不同的施工度汛阶段有不同的施工度汛标准。根据水文特征、流量过程线特征、围堰类型、永久建筑物级别、不同施工阶段库容、失事后果及影响等制订施工度汛标准。特别重要的城市或下游有重要工矿企业、交通设施及城镇时，施工度汛标准可适当提高。由于导流泄水建筑物的泄洪能力远不及原河道的泄流能力，在汛期洪水大于建筑物泄洪能力时，必有一部分水量经过水库调节，虽然使下泄流量得到削减，却抬高了坝体上游水位。确定坝体挡水或拦洪高程时，要根据规定的拦洪标准，通过调洪演算，求得相应最大下泄量及水库最高水位再加上安全超高，便得到当年坝体拦洪高程。

三、围堰及坝体挡水度汛

由于土石围堰或土石坝一般不允许堰（坝）体过水，因此，这类建筑物是施工度汛研究的重点和难点。

（一）围堰挡水度汛

截流后，应严格掌握施工进度，保证围堰在汛前达到拦洪度汛高程。若因围堰土石方量太大，汛前难以达到度汛要求的高程，则需要采取临时度汛措施，如设计临时挡水度汛断面，并满足安全超高、稳定、防渗及顶部宽度能适应抢险子堰等要求。临时断面的边坡必要时应做适当防护，避免坡面受地表径流冲刷。在堆石围堰中，则可用大块石、钢筋笼、混凝土盖面、喷射混凝土层、顶面和坡面钢筋网以及伸入堰体内水平钢筋系统等加固保护措施过水。若围堰是以后挡水坝体的一部分，则其度汛标准应参照永久建筑物施工过程中的度汛标准，其施工质量应满足坝体填筑质量的要求。长江三峡水利枢纽二期上游横向围堰，深槽处填筑水深达 60 m，最大堰高 82.5 m，上下游围堰土石填筑总量达 1060 万 m^3，混凝土防渗墙面积达 9.2 万 m^3（深槽处设双排防渗墙），要求在截流后的第一个汛期前全部达到度汛高程有困难，要在围堰上游部位设置临时子堰度汛，并在它的保护下施工第二道混凝土防渗墙。

（二）坝体挡水度汛

水利水电枢纽施工过程中，中、后期的施工导流往往需要由坝体挡水或拦洪。例如主体工程为混凝土坝的枢纽中，若采用两段两期围堰法导流，在第二期围堰放弃时，未完建的混凝土建筑物不仅要承担宣泄导流设计流量的任务，还要起一定的挡水作用。又如主体工程为土坝或堆石坝的枢纽，若采用全段围堰隧洞或明渠导流，则在河床断流以后，常常要求在汛期到来以前，将坝体填筑到拦洪高程，以保证坝身能安全度汛。此时由于主体建筑物已开始投入运用，水库已拦蓄一定水量，此时的导流标准与临时建筑物挡水时应有所不同。一般坝体挡水或拦洪时的导流标准，视坝型和拦洪库容的大小而定。

度汛措施一般根据所采用的导流方式、坝体能否溢流及施工强度来确定。

当采用全段围堰时，对土石坝采用围堰拦洪，围堰必定很宽而不经济，故应将上游围堰作为坝体的一部分。如果用坝体拦洪而施工强度太大，则可采用度汛临时断面进行施工，如图 3-17 所示。如果采用度汛临时断面仍不能在汛前达到拦洪高程，则需降低溢洪道底槛高程，或开挖临时溢洪道，或增设泄洪隧洞等以降低拦洪水位，也可以将坝基处理和坝体填筑分别在两个枯水期内完成。

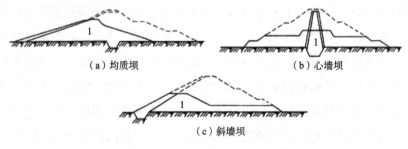

（a）均质坝　　　　　　　　　（b）心墙坝

（c）斜墙坝

图 3-17　土坝拦洪度汛的临时断面

对允许溢流的混凝土坝或浆砌石坝，则可采用过水围堰，允许汛期过水而暂停施工，也可在坝体中预留底孔或缺口，坝体的其余部分在汛前修筑到拦洪高程以上，以便汛期继续施工。

当采用分段围堰时，汛期一般仍由原束窄河床泄洪。由于泄流段一般有相当的宽度，因而洪水水位较低，可以用围堰拦洪。如果洪水水位较高，难以用围堰拦洪，对于非溢流坝，施工段坝体应在汛前修筑到洪水水位以上，并采取防洪保护措施。对能溢流的坝，则允许坝体过水，或在施工段坝体预留底孔或缺口，以便汛期继续施工。

（三）临时断面挡水度汛应注意的问题

土坝、堆石坝一般是不允许过水的。若坝身在汛期前不可能填筑到拦洪高程，可以考虑采用降低溢洪道高程、设置临时溢洪道并用临时断面挡水，或经过论证采用临时坝顶保护过水等措施。

采用临时断面挡水时，应注意以下四点：①在拦洪高程以上顶部应有足够的宽度，以便在紧急情况下仍有余地抢筑子堰，确保安全。②临时断面的边坡应保证稳定。其安全系数一般应不低于正常设计标准。为防止施工期间由于暴雨冲刷和其他原因而坍坡，必要时应采取简单的防护措施和排水措施。③斜罐坝或心墙坝的防渗体一般不允许采用临时断面，以保证防渗体的整体性。④上游垫层和块石护坡应按设计要求筑到拦洪高程，如果不能达到要求，则应考虑采取临时防护措施。

为满足临时断面的安全要求，在基础治理完毕后，下游坝体部位应按全断面填筑几米后再收坡，必要时应结合设计的反滤排水设施统一安排考虑。

采用临时坝面过水时，应注意以下五点：①过水坝面下游边坡的稳定是关键，应加强保护或做成专门的溢流堰，例如利用反滤体加固后作为过水坝面溢流堰体等，并应注意堰体下游的防冲保护。②靠近岸边的溢流体堰顶高程应适当抬高，以减小坝面单宽流量，减轻水流对岸坡的冲刷。③为了避免过水坝面的冲淤，坝面高程一般应低于溢流罐体顶 $0.5 \sim 2\,m$ 或修筑成反坡式坝面。④根据坝面过流条件合理选择坝面保护型式，防止淤积物渗入坝体，特别应注意防渗体、反滤层等的保护。⑤必要时在上游设置拦污设施，防止漂木、杂物等淤积坝面，撞击下游边坡。

第四节　蓄水计划与封堵技术

在施工后期，当坝体已修筑到拦洪高程以上，能够发挥挡水作用时，其他工程项目如混凝土坝已完成了基础灌浆和坝体纵缝灌浆，库区清理、水库坍岸和渗漏处理已经完成，建筑物质量和闸门设施等也均经检验合格，这时，整个工程就进入了所谓的完建期。根据发电、灌溉及航运等综合要求，应确定竣工运用日期，有计划地进行导流用临时泄水建筑物的封堵和水库的蓄水工作。

一、蓄水计划

水库的蓄水与导流用临时泄水建筑物的封堵有密切关系，只有将导流用临时泄水建筑物封堵后，才有可能进行水库蓄水。因此，必须制订积极可靠的蓄水计划，既能保证满足发电、灌溉及航运等要求，如期发挥工程效益，又要力争在比较有利的条件下封堵导流用的临时泄水建筑物，使封堵工作得以顺利进行。

水库蓄水要解决两个问题，一是制订蓄水历时计划，并据此确定水库开始蓄水的日期，即导流用临时泄水建筑物的封堵日期。水库蓄水一般按保证率为 75% ～ 85% 的月平均流量过程线来制订。可以从发电、灌溉及航运等要求，反推出水库开始蓄水的日期。具体做法是根据各月的来水量减去下游要求的供水量，得出各月份留蓄在水库的水量，将这些水量依次累计，对照水库容积与水位关系曲线，就可绘制水库蓄水高程与历时关系曲线，如图 3-18 中曲线 1。二是校核库水位上升过程中大坝施工的安全性，并据此拟定大坝浇筑的控制性进度计划和坝体纵缝灌浆进程。大坝施工安全的校核洪水标准，通常选用 20 年一遇的月平均流量。核算时，以导流用临时泄水建筑物的封堵日期为起点，按选定的洪水标准的月平均流量过程线，用顺推法绘制水库蓄水过程线，如图 3-18 中曲线 2。图 3-18 中曲线 3 为大坝分月浇筑高程进度线，它应包络曲线 2，否则，应采取措施加快混凝土浇筑进度，或利用坝身永久底孔、溢流坝段、岸坡溢洪道或泄洪隧洞放水，调节并限制库水位上升。

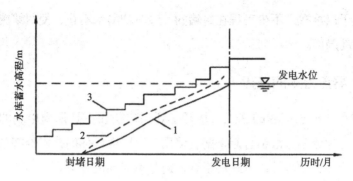

图3-18 水库蓄水高程与历时关系曲线

1—水库蓄水高程与历时关系曲线 2—导流泄水建筑物封堵后坝体度汛水库
蓄水高程与历时关系曲线 3—坝体全线浇筑高程过程线

蓄水计划是施工后期进行施工导流、安排施工进度的主要依据。

二、封堵技术

导流用临时泄水建筑物封堵下闸的设计流量，应根据河流水文特征及封堵条件，选用封堵期5～10年一遇的月或旬平均流量。封堵工程施工阶段的导流标准，可根据工程的重要性、失事后果等因素在该时段5%～20%重现期范围内选取。

导流用的泄水建筑物，如隧洞、涵管及底孔等，若不与永久建筑物相结合，在蓄水时都要进行封堵。由于具体工程的施工条件和技术特点不同，封堵方法也多种多样。过去多采用金属闸门或钢筋混凝土叠梁：金属闸门耗费钢材；钢筋混凝土叠梁比较笨重，大都需用大型起重运输设备，还需要一些预埋件，这对争取迅速完成封堵工作不利。近年来有些工程也采用了一些简易可行的封堵方法，如利用定向爆破技术快速修筑拟封堵建筑物进口围堰，再浇筑混凝土封堵；或现场浇筑钢筋混凝土闸门；或现场预制钢筋混凝土闸门，再起吊下放封堵等。

导流用底孔一般为坝体的一部分，因此，封堵时需要全孔堵死。而导流用的隧洞或涵管则不需要全洞堵死，常浇筑一定长度的混凝土塞，就足以起永久挡水作用。

此外，当导流隧洞的断面面积较大时，混凝土塞的浇筑必须考虑降温措施，不然产生的温度裂缝会影响其止水质量。在堵塞导流底孔时，深水堵漏问题也应予以重视。不少工程在封堵的关键时刻漏水不止，使封堵施工出现紧张和被动局面。

三、导流方案的选择

一个水利水电工程的施工，从开工到完建往往不是采用单一的导流方法，而是几种导流方法组合起来配合使用，以取得最佳的技术经济效益。整个施工期间各个时段导流方式的组合，通常称为导流方案。

（一）导流方案选择

导流方案选择，受各种因素的影响，必须在周密地研究各种影响因素的基础上，拟定几种可能的方案，进行技术经济比较，从中选择技术经济指标优越的导流方案。

选择导流方案时应考虑以下六方面因素。

1. 水文条件

河流的流量大小、水位变化的幅度、全年流量的变化情况、枯水期的长短、汛期洪水的延续时间、冬季的流冰及冰冻情况等，均直接影响导流方案的选择。一般来说，对于河床宽、流量大的河流，宜采用分段围堰法导流。对于水位变化幅度大的山区河流，可采用允许基坑淹没的导流方法，在一定时期内通过过水围堰和淹没基坑来宣泄洪峰流量。对于枯水期较长的河流，充分利用枯水期安排工程施工是完全有必要的。但对于枯水期不长的河流，如果不利用洪水期进行施工，就会拖延工期。对于流冰的河流应充分注意流冰的宣泄问题，以免凌汛期流冰壅塞，影响泄流，造成导流建筑物失事。

2. 地形条件

坝区附近的地形条件，对导流方案的选择影响很大。对于河床宽阔的河流，尤其在施工期间有通航、过筏要求的河道，宜采用分段围堰法导流。当河床中有天然石岛或沙洲时，采用分段围堰法导流有利于导流围堰的布置，尤其利于纵向围堰的布置。

3. 工程地质及水文地质条件

河流两岸及河床的地质条件对导流方案的选择与导流建筑物的布置有直接影响。若河流两岸或一岸岩石坚硬、风化层薄，且有足够的抗压强度，则有利于选用隧洞导流。如果岩石的风化层厚且破碎，或有较厚的沉积滩地，则适合采用明渠导流。当采用分段围堰法导流时，由于河床被束窄，减小了过水断面的面积，使水流流速增大。这时，为了使河床不遭受过大冲刷，避免把围堰基础淘空，应根据河床地质条件来决定河床束窄的程度。对于岩石河床，抗冲刷能力较强，河床允许束窄程度较大，甚至可达到 88%，流速增加到 7.5 m/s。但对覆盖层较厚的河床，抗冲刷能力较差，其束窄程度不到 30%，流速仅允许达到 3 m/s。此外，选择围堰形式时，基坑是否允许淹没，是否能利用当地材料修筑围堰等，也都与地质条件有关。水文地质条件则对基坑排水工作和围堰形式的选择有很大关系。因此，为了更好地进行导流方案的选择，要对地质和水文地质勘测工作提出专门要求。

4.水工建筑物的形式及布置

水工建筑物的型式和布置与导流方案相互影响，因此，在决定建筑物的形式和枢纽布置时，应该同时考虑并拟定导流方案；而在选定导流方案时，也应该充分利用建筑物形式和枢纽布置方面的特点。如果枢纽组成中有隧洞、渠道、涵管、泄水孔等永久泄水建筑物，在选择导流方案时应该尽可能加以利用，如图 3-19 所示。在设计永久泄水建筑物的断面尺寸并拟定其布置方案时，应该充分考虑施工导流的要求。如果采用分段围堰法修建混凝土坝，应当充分利用水电站与混凝土坝之间或混凝土坝溢流段和非溢流段之间的隔墙作为纵向围堰的一部分，以降低导流建筑物的造价，而且对于第一期工程所修建的混凝土坝，应该核算它是否能够布置二期工程导流构筑物（如底孔、预留缺口等）。

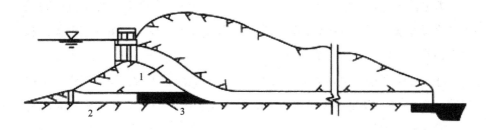

图3-19　利用永久隧洞导流

1—永久隧洞进口段　2—临时导流洞　3—混凝土封堵段

5. 施工期间河流的综合利用

施工期间，为了满足通航、筏运、渔业、供水、灌溉以及水电站运转等的需求，导流方案的选择比较复杂。如前所述，在通航河流上，大多采用分段围堰法导流。要求河流在束窄以后，河宽仍能便于船只通行，水深、流速等也要满足通航能力的要求，束窄断面的水深应与船只吃水深度相适应，最大流速一般不得超过 2 m/s，遇到特殊情况时，还需与当地航运部门协商研究确定。对于浮运木筏或散材的河流，在施工导流期间要避免木材堵塞泄水建筑物的进口，或者壅塞已束窄的河床导流段。在施工中后期，水库拦洪蓄水时，要注意满足下游供水、灌溉用水和水电站运行等要求。有时为了保证渔业需求，还要修建临时过鱼设施，以便鱼群能正常洄游。

6. 施工进度、施工方法及施工场地布置

水利水电工程的施工进度与导流方案密切相关，通常根据导流方案安排控制性施工进度计划。在水利水电枢纽施工导流过程中，对施工进度起控制作用的关键性时段主要有导流建筑物的完工期限，截断河床水流的时间，坝体拦洪的期限，封堵临时泄水建筑物的时间以及水库蓄水发电的时间等。各项工程的施工方法和施工进度直接影响各时段导流工作的正常进行，导致后续工程也无法正常施工。例如修建混凝土坝，采用分段围堰法施工时，若导流底孔没有建成就不能截断河床水流并全面修建第二期围堰；若坝体没有达到一定高程且未完成基础及坝身纵缝灌浆，就不能封堵底孔，水库便无法按计划正常蓄水。因此，施工方法、施工进度与导流方案三者是密切相关的。

此外，施工场地的布置亦影响导流方案的选择。例如，在混凝土坝施工中，若混凝土生产系统布置在河流一岸，以采用全段围堰法导流为宜；若采用分段围堰法导流，则应以混凝土生产系统所在的一岸作为第一期工程，避免出现跨越两岸的交通运输问题。

除了综合考虑以上各方面因素外，在选择导流方案时，还应使主体工程尽早发挥效益，以简化导流程序，降低导流费用，使导流建筑物既简单易行，又安全可靠。

（二）控制性施工进度

根据规定的工期和选定的导流方案，施工过程中会要求各项工程在某时期（如截流前、汛前、下闸或底孔封堵前）必须完成或达到某种程度。依此编制的施工进度表就是控制性施工进度。

　　绘制控制性施工进度表时，首先应按导流方案在图上标出各导流时段的导流方式和几个起控制作用的日期（如截流、拦洪度汛、下闸或封堵导流泄水建筑物等的日期），然后确定在这些日期之前各项工程应完成的进度，最后经施工强度论证，确定各项工程实际最佳进度，并绘制在图表中。

第四章 土石坝工程施工

第一节 坝料规划

一、空间规划

空间规划是指对料场的空间位置、高程做出恰当选择和合理布置。为加快运输速度，提高效率，土石料的运距要尽可能短些。高程要利于重车下坡，避免因料场位置高，运输坡陡而引起事故。坝的上下游和左右岸都有料场，这样可以在上下游和左右岸同时采料，减少施工干扰，保证坝体均衡上升。料场位置要有利于开采设备的放置，保证车辆运输的通畅及地表水和地下水的排水通畅。取料时离建筑物的轮廓线不要太近，不要影响枢纽建筑物防渗。在石料场选取时还要与重要建筑物和居民区有一定的防爆、防震安全距离，以减少安全隐患。

二、时间规划

时间规划是指施工时要考虑施工强度和坝体填筑部位的变化，季节对坝前蓄水能力的变化等。先用近料和上游易淹没的坝料，后用远料和下游不易淹没的坝料。在上坝强度高时用运距近、开采条件好的料场，在上坝强度低时用运距远的料场。旱季时要选用含水量大的料场，雨季时要选用含水量小的料场。为满足拦洪度汛和筑坝合龙时大量用料的要求，在料场规划时还要在近处留有大坝合龙用料。

三、质与量规划

质与量规划是指对料场的质量和储料量的合理规划。它是料场规划的最基本的要求，在选择和规划料场时，要对料场进行全面勘测，包括料场的地质成因、产状、埋藏深度、储量和各种物理力学指标等。料场的总储量要满足坝体总方量的要求，并且用料要满足各阶段施工中的最大用料强度要求。勘探精度要随设计深度的加深而提高。

充分利用建筑物基础开挖时的弃料，减少往外运输的工作量和运输干扰，减少废料堆放场地。考虑弃料的出料、堆料、弃放的位置，避免施工干扰，加快开采和运输的速度。规划时除考虑主料场外，还应考虑备用料场，主料场一般要质量好、储量大，比需要的总方量多 1～1.5 倍，运距近，有利于常年开采；备用料场要在淹没范围以外，当主料场被淹没或由于其他原因中断使用时，使用备用料场，备用料场的储量应为主料场总储量的20%～30%。

第二节　土石料采运

对坝料进行完规划后，还需要对土石料进行开采和运输。对土石料开挖一般采用机械施工，挖运机械有挖掘机械、铲运机械、运输机械三类。而运输道路的布置对土石料的运输有重要作用，下面将详细介绍土石料的开采和运输。

一、土石料的开采

（一）挖掘机械

1. 单斗式挖掘机

单斗式挖掘机是只有一个铲土斗的挖掘机械，其工作装置有正向铲、反向铲、拉铲和抓铲四种。

（1）正向铲挖掘机。电动正向铲挖掘机是单斗挖掘机中最主要的形式，其特点是铲斗前伸向上，强制铲土，挖掘力较大。它主要用来挖掘停机面以上的土石方，一般用于开挖无地下水的大型基坑和料堆，适合挖掘 Ⅰ～Ⅳ 级土或爆破后的岩石渣。

（2）反向铲挖掘机。电动反向铲挖掘机是正向铲更换工作装置后的工作形式，其特点是铲斗后扒向下，强制挖土。它主要用于挖掘停机面以下的土石方，一般用于开挖小型基坑或地下水位较高的土方，适合挖掘Ⅰ～Ⅵ级土或爆破后的岩石渣，硬土需要先行刨松。

（3）拉铲挖掘机。电动拉铲挖掘机用于挖掘停机面以下的土方。由于卸料是利用自重和离心力的作用在机身回转过程中进行的，湿黏土也能卸净，因此，它最适于开挖水下及含水量大的土料。但由于铲斗仅靠自重切入土中，铲土力小，一般只能挖掘Ⅰ～Ⅱ级土，不能开挖硬土。挖掘半径、卸土半径和卸载高度较大，适合直接向弃土区弃土。

（4）抓铲挖掘机。抓铲挖掘机利用其瓣式铲斗自由下落的冲力切入土中，而后抓取土料提升，回转后卸掉。抓铲挖掘深度较大，适于挖掘窄深基坑或沉井中的水下淤泥及砂卵石等松软土方，也可用于装卸散粒材料。

2. 多斗式挖掘机

多斗式挖掘机是一种由若干个挖斗依次连续循环进行挖掘的专用机械，生产效率和机械化程度较高，运用在大量土方开挖工程中。它的生产率从每小时几十立方米到上万立方米，主要用于挖掘不夹杂石块的Ⅰ～Ⅴ级土。多斗式挖掘机按工作装置不同，可分为链斗式和斗轮式两种。链斗式挖掘机是多斗式挖掘机中最常用的形式，主要进行下采式工作。

（二）土石料开挖的综合原则

土石坝施工中，从料场的开采、运输，到坝面的铺料和压实各工序，应力争实现综合机械化。施工组织时应遵循以下原则：

（1）确保主要机械发挥作用。主要机械是指在机械化生产线中起主导作用的机械，充分发挥它的生产效率，有利于加快施工进度，降低工程成本。

（2）根据机械工作特点进行配套组合，充分发挥配套机械作用。连续式开挖机械和连续式运输机械配合；循环式开挖机械和循环式运输机械配合，形成连续生产线。在选择配套机械，确定配套机械的型号、规格和数量时，其生产能力要略大于主要机械的生产能力，以保证主要机械的生产能力。

（3）加强保养，合理布置，提高工效。严格执行机械保养制度，使机械处于最佳状态，合理布置流水作业工作面和运输道路，能极大地提高工效。

（三）挖运方案的选择

坝料的开挖与运输是保证上坝强度的重要环节之一。开挖、运输方案主要根据坝体结构布置特点、坝料性质、填筑强度、料场特性、运距远近、可供选择的机械型号等因素，综合分析比较确定。坝料的开挖、运输方案主要有以下四种。

1. 挖掘机开挖，自卸汽车运输上坝

正向铲开挖、装车，自卸汽车运输直接上坝，适宜运距小于 10 km。自卸汽车可运各种坝料，通用性好，运输能力高，能直接铺料，转弯半径小，爬坡能力较强，机动灵活，使用管理方便，设备易于获得。

在施工布置上，正向铲一般采用立面开挖，汽车运输道路可布置成循环路线，装料时停在挖掘机一侧的同一平面上，即汽车鱼贯式的装料与行驶，这种布置形式可省却汽车的倒车时间，正向铲采用 60° ~ 90° 角侧向卸料，回转角度小，生产率高，能充分发挥正向铲与汽车的效率。

2. 挖掘机开挖，胶带机运输上坝

胶带机的爬坡能力强，架设简易，运输费用较低，与自卸汽车相比可降低费用 1/3 ~ 1/2，运输能力也较强，适宜运距小于 10 km。胶带机可直接从料场运输上坝；也可与自卸汽车配合，在坝前经漏斗卸入汽车做长距离运输，转运上坝；或与有轨机车配合，用胶带机作短距离运输，转运上坝。

3. 采砂船开挖，机车运输，转胶带机上坝

国内一些大、中型水电工程施工中，广泛采用采砂船开采水下的沙砾料，配合有轨机车运输。当料场集中、运输量大、运距大于 10 km 时，可用有轨机车进行水平运输。有轨机车不能直接上坝，要在坝脚经卸料装置转胶带机运输上坝。

4. 斗轮式挖掘机开挖，胶带机运输，转自卸汽车上坝

当填筑方量大、上坝强度高、料场储量大而集中时，可采用斗轮式挖掘机开挖。斗轮式挖掘机挖料转入移动式胶带机，其后接长距离的固定式胶带机至坝面或坝面附近经自卸汽车运至填筑面。这种布置方案可使挖、装、运连续进行，简化了施工工艺，提高了机械化水平和生产率。

坝料的开挖、运输方案很多，但无论采用何种方案，都应结合工程施工的具体条件，组织好挖、装、运、卸的机械化联合作业，提高机械利用率；减少坝料的转运次数；各种坝料的铺筑方法及设备应尽量一致，减少辅助设施；充分利用地形条件，统筹规划和布置。

二、土石料的运输

（一）运输道路布置原则及要求

（1）运输道路宜自成体系，并尽量与永久道路相结合。运输道路不要穿越居民点或工作区，尽量与公路分离。根据地形条件、枢纽布置、工程量、填筑强度、自卸汽车吨位，应用科学的规划方法优化运输网络，统筹布置场内施工道路。

（2）连接坝体上下游交通的主要干线，应布置在坝体轮廓线以外。干线与不同高程的上坝道路相连接，应避免穿越坝肩处岸坡。坝面内的道路应结合坝体的分期填筑规划统一布置，在平面与立面上协调好不同高程的进坝道路的连接，使坝面内临时道路的形成与覆盖（或削除）满足坝体填筑要求。

（3）运输道路的标准应符合自卸汽车吨位和行车速度的要求。实践证明，用于高质量标准道路增加的投资，足以用降低的汽车维修费用及提高的生产率来补偿。要求路基坚实，路面平整，靠山坡一侧设置纵向排水沟，顺畅排出雨水和泥水，以避免雨天运输车辆将路面泥水带入坝面，污染坝料。

（4）道路沿线应有较好的照明设施，运输道路应经常维护和保养，及时清除路面上影响运输的杂物，并经常洒水，这样能减少运输车辆的磨损。

（二）上坝道路布置方式

坝料运输道路的布置方式有岸坡式、坝坡式和混合式三种，然后进入坝体轮廓线内，与坝体内临时道路连接，组成到达坝料填筑区的运输体系。

由于单车环形线路比往复双车线路行车效率高、更安全，所以应尽可能采用单车环形线路。一般干线多用双车道，尽量做到会车不减速，坝区及料场多用单车道。岸坡式上坝道路宜布置在地形较为平缓的坡面，以减少开挖工程量。

当两岸陡峻，地质条件较差，沿岸坡修路困难，工程量大时，可在坝下游坡面设计线以外布置临时或永久上坝道路，称为坝坡式。其中的临时道路在坝体填筑完成后消除。

在岸坡陡峻的狭窄河谷内，根据地形条件，有的工程用交通洞通向坝区。用竖井卸料以连接不同高程的道路，有时也是可行的。非单纯的岸坡式或坝坡式的上坝道路布置方式，称为混合式。

（三）坝内临时道路布置

（1）堆石体内道路。根据坝体分期填筑的需要，除防渗体、反滤过渡层及相邻的部分堆石体要求平起填筑外，不限制堆石体内设置临时道路，其布置为"之"字形，道路随着坝体升高而逐步延伸，连接不同高程的两级上坝道路。为了减少上坝道路的长度，临时道路的纵坡一般较陡，为10%左右，局部可达12%～15%。

（2）过防渗体道路。心墙、斜墙防渗体应避免重型车辆频繁压过，以免破坏。如果上坝道路布置困难，而运输坝料的车辆必须压过防渗体，应调整防渗体填筑工艺，在防渗体局部布置压过的临时道路。

第三节　土石料压实

一、压实机械

压实机械利用碾压、夯实、振动三种作用力来达到压实的目的。碾压的作用力是静压力，其大小不随作用时间而变化。夯实的作用力为瞬时动力，其大小跟高度有关系。振动的作用力为周期性的重复动力，其大小随时间呈周期性变化，振动周期的长短随振动频率的大小而变化。

常用的压实机械有羊脚碾、振动碾、夯实机械。

（一）羊脚碾

羊脚碾是指碾的滚筒表面设有交错排列的截头圆锥体，状如羊脚。碾压时，羊脚碾的羊脚插入土中，不仅使羊脚端部的土料受到压实，也使侧向土料受到挤压，从而达到均匀压实的效果。

羊脚碾的开行方式有两种：进退错距法和圈转套压法。进退错距法操作简便，碾压、铺土和质检等工序协调，便于分段流水作业，压实质量容易保证。圈转套压法适用于多碾滚组合碾压，其生产效率高，但碾压中转弯套压交接处重压过多，容易超压；当转弯半径小时，容易引起土层扭曲，产生剪刀破坏；在转弯的角部容易漏压，质量难以保证。

（二）振动碾

振动碾是一种静压和振动同时作用的压实机械。它是由起振柴油机带动碾滚内的偏心轴旋转，通过连接碾面的隔板，将振动力传至碾滚表面，然后以压力波的形式传到土体内部。非黏性土的颗粒比较粗，在这种小振幅、高频率的振动力作用下，内摩擦力大大降低，由于颗粒不均匀，受惯性大小不同而产生相对位移，细粒滑入粗粒空隙而使空隙体积减小，从而使土料达到密实状态。然而，黏性土颗粒间的黏结力是主要的，且土粒相对比较均匀，在振动作用下，不能取得像非黏性土那样的压实效果。

（三）夯实机械

夯实机械是一种利用冲击能来击实土料的机械，用于夯实沙砾料或黏性土。其适于在碾压机械难于施工的部位压实土料。

（1）强夯机。它是由高架起重机和铸铁块或钢筋混凝土块做成的夯碇组成的。夯碇的质量一般为 10～40 t，由起重机提升一定高度后自由下落冲击土层，压实效果好，生产率高，用于杂土填方、软基及水下地层。

（2）挖掘机夯板。夯板一般做成圆形或方形，面积约 1 m³，质量为 1～2 t，提升高度为 3～4 m。主要优点是压实功能大，生产率高，有利于雨季、冬季施工。但当被夯石块直径大于 50 cm 时，工效大大降低，压实黏土料时，表层容易发生剪力破坏，目前有逐渐被振动碾取代之势。

二、压实标准

土料压实得越好，其物理力学性能指标就越高，坝体填筑质量就越有保证。但对土料过分压实，不仅提高了费用，还会产生剪力破坏。因此，应确定合理的压实标准。现对不同土料的压实标准概括如下。

（一）黏性土和砾质土

黏性土和砾质土的压实标准，主要以压实干密度和施工含水量这两个指标来控制。

1. 压实干密度

压实干密度用击实试验来确定。我国采用压实仪 25 击（87.95 t·m/m³）作为标准压实功能，得出一般不少于 25～30 组最大干密度的平均值作为依据，从而确定压实干密度。

2. 施工含水量

施工含水量是由标准击实条件时的最大干密度确定的，最大干密度对应的最优含水量（下同）是一个点值，而实际的天然含水量总是在某一个范围内变动。为适应施工的要求，必须对最优含水量规定一个范围，即含水量的上下限。

（二）砂土及砂砾石

砂土及砂砾石的压实程度与颗粒级配及压实功能关系密切，一般用相对密度表示。

（三）石渣及堆石体

石渣及堆石体作为坝壳填筑料，压实指标一般用空隙率表示。根据国内外的工程实践经验，碾压式堆石坝坝体压实后空隙率应小于30%，为了防止过大的沉陷，一般规定为22%～28%。面板堆石坝上游主堆石区空隙率标准为21%～25%；用沙砾料填筑的面板坝，沙砾料的压实平均空隙率为15%左右。

三、压实试验

坝料填筑必须通过压实试验，确定合适的压实机具、压实方法、压实参数及其他处理措施，并核实设计填筑标准的合理性。压实试验应在填筑施工开始前一个月完成。

（一）压实参数

压实参数包括机械参数和施工参数两大类。在压实设备型号选定后，机械参数已基本确定。施工参数有铺料厚度、碾压遍数、开行速度、土料含水量、堆石料加水量等。

（二）试验组合

压实试验组合方法有经验确定法、循环法、淘汰法（逐步收敛法）和综合法。一般多采用逐步收敛法。先以室内试验确定的最优含水量进行现场试验，通过设计计算并参照已建类似工程的经验，初选几种压实机械和拟定几组压实参数。先固定其他参数，变动一个参数，通过试验得到该参数的最优值；然后固定此最优参数和其他参数，再变动另一个参数，用试验求得第二个最优参数值。依此类推，通过试验得到每个参数的最优值。最后用这组最优参数再进行一次复核试验。倘若试验结果满足设计、施工的技术经济要求，即可作为现场使用的施工压实参数。

（三）试验分析整理

按不同压实遍数 n、不同铺土厚度 h 和不同含水量进行压实、取样。每一个组合取样数量为：黏土、砂砾石 10 ~ 15 个，砂及砂砾 6 ~ 8 个，堆石料不少于 3 个。分别测定其干密度、含水量、颗粒级配，可作出不同铺土厚度时压实遍数与干密度、含水量曲线。

在施工中选择合理的压实方式、铺土厚度及压实遍数，是综合各种因素试验确定的。有时对同一种土料采用两种压实机具、两种压实遍数是最经济合理的。

第四节　土料防渗体坝

坝面填筑有铺料、压实、取样检查三道基本工序，对不同的土石料根据强度、级配、湿陷程度的不同还有其他处理。

一、铺料

坝基经处理合格后或下层填筑面经压实合格后，即可开始铺料。铺料包括卸料和平料，两道工序相互衔接，紧密配合。选择铺料方法主要与上坝运输方法、卸料方式和坝料的类型有关。

（一）自卸汽车卸料、推土机平料

铺料的基本方法有进占法、后退法和混合法三种。

堆石料一般采用进占法铺料，堆石强度为 60 ~ 80 MPa 的中等硬度岩石，施工可操作性好。对于特硬岩（强度 > 200 MPa），由于岩块边棱锋利，对施工机械的轮胎、链轨等损坏严重，同时因硬岩堆石料往往级配不良，表面不平整影响振动碾压实质量，因此施工中要采取一定措施，如在铺层表面增铺一薄层细料，以提高平整度。

级配较好的（如强度 30 MPa 以下）软岩堆石料、砂砾（卵）石料等，宜用后退法铺料，以减少分离，有利于提高密度。

不管采用何种铺料方法，卸料时要控制好料堆分布密度，使其摊铺后厚度符合设计要求，不要因过厚而不予处理，尤其是以后退法铺料时更需注意。

1. 支撑体料

心墙上下游或斜墙下游的支撑体（简称坝壳）各为独立的作业区，在区内各工序进行流水作业。坝壳一般选用沙砾料或堆石料。由于堆石料往往含有大量的大粒径石料，不仅影响汽车在坝料堆上行驶和卸料，也影响推土机平料，并易损坏推土机履带和汽车轮胎。为此采用进占法卸料，即自卸汽车在铺平的坝面上行驶和卸料，推土机在同一侧随时平料。其优点是：大粒径块石易被推至铺料的前沿下部，细料填入堆石料间空隙，使表面平整，便于车辆行驶。坝壳料的施工要点是防止坝料粗细颗粒分离和使铺层厚度均匀。

2. 反滤料和过渡料

反滤层和过渡层常用沙砾料，采用常规的后退法卸料。自卸汽车在压实面上卸料，推土机在松土堆上平料。其优点是可以避免平料造成的粗细颗粒分离，汽车行驶方便，可提高铺料效率。要控制上坝料的最大粒径，允许最大粒径不超过铺层厚度的 1/3～1/2，当含有特大粒径的石料（如 0.5～1 m）时，应将其清除至填筑体以外，以免产生局部松散甚至空洞，埋下隐患。沙砾料铺层厚度根据施工前现场碾压试验确定，一般不大于 1 m。

3. 防渗体土料

心墙、斜墙防渗体土料主要有黏性土和砾质土等，选择铺料方法时主要考虑以下两点：一是坝面平整，铺料层厚度均匀，不得超厚；二是对已压实合格土料不过压，防止产生剪力破坏。铺料时应注意以下问题：

（1）采用进占法卸料。推土机和汽车都在刚铺平的松土上行进，逐步向前推进。要避免所有的汽车行驶在同一条道路，如果中、重型汽车反复多次在压实土层上行驶，会使土体产生弹簧、光面与剪切破坏，严重影响土层间结合质量。

（2）推土机功率必须与自卸汽车载重吨位相配。如果汽车斗容过大，而推土机功率过小（刀片过小），则每一车料要经过推土机多次推运，才能将土料铺散、铺平，推土机履带的反复碾压会将局部表层土压实，甚至出现弹簧土和剪切破坏，造成汽车卸料困难，更严重的是，很易导致平土薄厚不均。

（3）采用后退法定量卸料。汽车在已压实合格的坝面上行驶并卸料，为防止对已压实土料产生过压，一般采用轻型汽车。根据每一填土区的面积，按铺土厚度定出所需的土方量（松方）使推土机平料均匀，不产生大面积过厚、过薄的现象。

（4）沿坝轴线方向铺料。防渗体填筑面一般较窄，为了防止两侧坝料混入防渗体，杜绝因漏压而形成贯穿上下游的渗流通道，一般不允许车辆穿越防渗体，所以严禁沿垂直坝轴线方向铺料。特殊部位，如两岸接坡处、溢洪道边墙处以及穿越坝体建筑物等结合部位，当只能垂直坝轴线方向铺料时，在施工过程中，质检人员应现场监视，严禁坝料掺混。

（二）移动式皮带机上坝卸料、推土机平料

皮带机上坝卸料适用于黏性土、沙砾料和砾质土。利用皮带机直接上坝，配合推土机平料，或配合铲运机运料和平料，其优点是不需专门道路，但随着坝体升高需要经常移动皮带机。为防止粗细颗粒分离，推土机采用分层平料，每次铺层厚度为要求的 1/3 ～ 1/2，推距最好在 20 m 左右，最大不超过 50 m。

（三）铲运机上坝卸料和平料

铲运机是一种能综合完成挖、装、运、卸、平料等工序的施工机械，当料场位于距大坝 800 ～ 1500 m 处，散料距离在 300 ～ 600 m 时，是经济有效的。铲运机铺料时，平行于坝轴线依次卸料，从填筑面边缘逐行向内铺料，空机从压实合格面上返回取土区。铺到填筑面中心线（约一半宽度）后，铲运机反向运行，接续已铺土料逐行向填筑面另一半的外缘铺料，空机从刚铺填好的松土层上返回取土区。

二、压实

（一）非黏性土的压实

非黏性土透水料和半透水料的主要压实机械有振动平碾、气胎碾等。

振动平碾适用于堆石与含有漂石的砂卵石、砂砾石和砾质土的压实。振动碾压实功能大，碾压遍数少（4 ～ 8 遍），压实效果好，生产效率高，应优先选用。气胎碾可用于压实砂、沙砾料、砾质土。

除坝面特殊部位外，碾压时应沿轴线方向进行。一般采用进退错距法作业。在碾压遍数较少时，也可采用一次压够后再行错车的方法，即搭接法。要严格控制铺料厚度、碾压遍数、加水量、振动碾的行驶速度、振动频率和振幅等主要施工参数。分段碾压时，相邻两段交接带的碾迹应彼此搭接，垂直碾压方向的搭接宽度为 0.3～0.5 m，顺碾压方向的搭接宽度为 1～1.5 m。

适当加水能提高堆石、砂砾石料的压实效果，减少后期沉降量。但大量加水需增加工序和设施，影响填筑进度。堆石料加水的主要作用，除在颗粒间起润滑作用以便压实外，更重要的是软化石块接触点，压实中搓磨石块尖角和边棱，使堆石体更密实，以减少坝体后期沉降量。沙砾料在洒水充分饱和条件下，才能达到有效的压实状态。

堆石、沙砾料的加水量一般依其岩性、细粒含量而异。对于软化系数大、吸水率低（饱和吸水率小于 2%）的硬岩，加水效果不明显，可经对比试验决定是否加水。对于软岩及风化岩石，其填筑含水量必须大于湿陷含水量，最好充分加水，但应视其当时含水量而定。

对沙砾料或细料较多的堆石，宜在碾压前洒水一次，然后边加水、边碾压，力求加水均匀。对含细粒较少的大块堆石，宜在碾压前洒水一次，以冲掉填料层面上的细粒料，改善层间结合。但碾压前洒水，大块石裸露会给振动碾碾压带来不利。对软岩堆石，由于振动碾碾压后表面产生一层岩粉，碾压后也应洒水，尽量冲掉表面岩粉，以利层间结合。

当加水碾压将引起泥化现象时，其加水量应通过试验确定。堆石加水量依其岩性、风化程度而异，一般为填筑量的 10%～25%；沙砾料的加水量宜为填筑量的 10%～20%；对粒径小于 5 mm、含量大于 30% 及含泥量大于 5% 的砂砾石，其加水量宜通过试验确定。

（二）黏性土的压实

黏土心墙料压实机械主要用凸块振动碾，也有采用气胎碾的。

1. 压实方法

碾压机械压实方法均采用进退错距法，要求的碾压遍数很少时，可采用一次压够遍数再错距的方法。分段碾压的碾迹搭接宽度：垂直碾压方向的为 0.3～0.5 m，顺延碾压方向的应为 1.0～1.5 m。碾压方向应沿坝轴方向进行。在特殊部位，如防渗体截水槽内或与岸坡结合处，应用专用设备在划定范围沿接坡方向碾压，行车速度一般取 2～3 km/h。

2. 坝面土料含水量调整

土料含水量调整应在料场进行，仅在特殊情况下可考虑在坝面做少许调整。

（1）土料加水。当上坝土料的平均含水量与碾压施工含水量相差不大，仅需增加 1%～2% 时，可在坝面直接洒水。

加水方式分为汽车洒水和管道加水两种。汽车喷雾洒水均匀，施工干扰小，效率高，宜优先采用。管道加水方式多用于施工场面小、施工强度较低的情况。加水后的土料一般应用圆盘耙或犁使其含水均匀。

粗粒残积土在碾压过程中，随着粗粒被破碎，细粒含量不断增多，压实最优含水量也在提高。碾压开始时比较湿润的土料，随着碾压可能变得干燥，因此碾压过程中要适当地补充洒水。

（2）土料的干燥。当土料的含水量大于施工控制含水量上限的 1% 以内时，碾压前可用圆盘耙或犁在填筑面进行翻松晾晒。

3. 填土层结合面处理

当使用平碾、气胎碾及轮胎牵引凸块碾等机械碾压时，在坝面将形成光滑的表面。为保证土层之间结合良好，对于中、高坝黏土心墙或窄心墙，铺土前必须对已压实合格面进行洒水湿润并刨毛深 1～2 cm。对于低坝，经试验论证后可以不刨毛，但仍须洒水湿润，严禁在表土干燥状态下在其上铺填新土。

三、结合部位处理

（一）非黏性土结合部位

1. 坝壳与岸坡结合部位的施工

坝壳与岸坡或混凝土建筑物结合部位施工时，汽车卸料及推土机平料易出现大块石集中、架空现象，且局部碾压机械不易碾压。该部位宜采取如下措施：与岸坡结合处 2 m 宽范围内，可沿岸坡方向碾压。不易压实的边角部位应减薄铺料厚度，用轻型振动碾或平板振动器等压实机具压实。在结合部位可先填 1～2 m 宽的过渡料，再填堆石料。结合部位铺料后出现的大块石集中、架空处，应予以换填。

2. 坝壳填料接缝处理

坝壳分期分段填筑时，在坝壳内部形成了横向或纵向接缝。由于接缝处坡面临空，压实机械作业距坡面边缘留有 0.5～1 m 的安全距离，坡面上存在一定厚度的松散或半压实料层。

（二）黏性土结合部位

黏土防渗体与坝基（包括齿槽）、两岸岸坡、溢洪道边墙、坝下埋管及混凝土墙等结合部位的填筑，须采用专用机具、专门工艺进行施工，确保填筑质量。

1. 截水槽回填

当槽内填土厚度在 0.5 m 以内时，可采用轻型机具（如蛙式夯等）薄层压实；当填土厚度超过 0.5 m 时，可采用压实试验选定的压实机具和压实参数压实。基槽处理完成后，排出渗水，从低洼处开始填土。不得在有水情况下填筑。

2. 铺盖填筑

铺盖在坝体内与心墙或斜墙连接部分，应与心墙或斜墙同时填筑，坝外铺盖的填筑，应于库内充水前完成。铺盖完成后，应及时铺设保护层。已建成的铺盖上不允许进行打桩、挖坑等作业。

3. 黏土心墙与坝基结合部位填筑

无黏性土坝基铺土前，坝基应洒水压实，然后按设计要求回填反滤料和第一层土料。铺土厚度可适当减薄，土料含水量调节至施工含水量上限，宜用轻型压实机具压实。黏性土或砾质土坝基，应将表面含水量调至施工含水量上限，用与黏土心墙相同的压实参数压实，然后洒水、刨毛、铺填新土。坚硬岩基或混凝土盖板上，开始几层填料可用轻型碾压机具直接压实，填筑至少 0.5 m 以上后才允许用凸块碾或重型气胎碾碾压。

4. 黏土心墙与岸坡或混凝土建筑物结合部位填筑

（1）填土前，必须清除混凝土表面或岩面上的杂物。在混凝土或岩面上填土时，应洒水湿润，并边涂刷浓泥浆、边铺土、边夯实，泥浆涂刷高度须与铺土厚度一致，并应与下部涂层衔接，严禁泥浆干后再铺土和压实。

（2）裂隙岩面处填土时，应按设计要求对岩面进行妥善处理，再按先洒水，后边涂刷浓水泥黏土浆或水泥砂浆、边铺土、边压实（砂浆初凝前必须碾压完毕）的程序进行。涂层厚度可为 5～10 mm。

（3）黏土心墙与岸坡结合部位的填土，其含水量应调至施工含水量上限，选用轻型碾压机具薄层压实，不得使用凸块碾压实，黏土心墙与结合带碾压搭接宽度不应小于 1 m。局部碾压不到的边角部位可使用小型机具压实。

（4）混凝土墙、坝下埋管两侧及顶部 0.5 m 范围内填土，必须用小型机具压实，其两侧填土应保持均衡上升。

（5）岸坡、混凝土建筑物与砾质土、掺和土结合处，应填筑宽 1～2 m 的塑性较高的黏土（黏粒含量和含水量都偏高）过渡，避免直接接触。

（6）应注意因岸坡过缓，结合处碾压造成因侧向位移出现的土料"爬坡""脱空"现象，应采取应对措施。

5. 填土接缝处理要求

斜墙和窄心墙内一般不应留有纵向接缝。均质土坝可设置纵向接缝，宜采用不同高度的斜坡与平台相间形式，平台间高差不宜大于 15 m。坝体接缝坡面可使用推土机自上而下削坡，适当留有保护层随坝体填筑上升，逐层清至合格层。结合面削坡合格后，要控制其含水量为施工含水量范围的上限。

第五节　面板堆石坝

一、钢筋混凝土面板的分块和浇筑

（一）钢筋混凝土面板的分块

混凝土防渗面板包括趾板和面板两部分。趾板设伸缩缝，面板设垂直伸缩缝、周边伸缩缝等永久缝和临时水平施工缝。面板要满足强度、抗渗、抗侵蚀、抗冻要求。垂直伸缩缝从底到顶通缝布置，中部受压区的分缝间距一般为 12～18 m，两侧受拉区按 6～9 m 布置。受拉区设两道止水，受压区在底侧设一道止水，水平施工缝不设止水，但竖向钢筋必须相连。

（二）防渗面板混凝土浇筑

1. 趾板施工

趾板施工应在趾基开挖处理完毕并验收合格后进行，按设计要求进行绑扎钢筋、设置锚筋、预埋灌浆导管、安装止水片及浇筑上游铺盖。混凝土浇筑中，应及时振实，注意止水片与混凝土的结合质量，结合面不平整度应小于 5 mm。混凝土浇筑后 28 d 以内，20 m 之内不得进行爆破，20 m 之外的爆破要严格控制装药量。

2. 面板施工

面板施工在趾板施工完毕后进行。考虑到尽量避免堆石体沉陷和位移对面板产生的不利影响，面板在堆石体填筑全部结束后施工。面板混凝土浇筑宜采用无轨滑模，起始三角块宜与主面板块一起浇筑。面板混凝土宜采用跳仓浇筑。滑模应具有安全措施，固定卷扬机的地锚应可靠，滑模应有制动装置。面板钢筋采用现场绑扎或焊接，也可用预制网片现场拼接。混凝土浇筑中，布料要均匀，每层铺料 250～300 cm。止水片周围需人工布料，防止分离。振捣混凝土时，要垂直插入，至下层混凝土内 5 cm，止水片周围用小振捣器仔细振捣。振动过程中，防止振捣器触及滑模、钢筋、止水片。脱模后的混凝土要及时修整和压面。

浇筑质量检查要求：①趾板浇筑。每浇一块或每 50～100 m³ 至少有一组抗压强度试件，每 200 m³ 成型一组抗冻、抗渗检验试件。②面板浇筑。每班取一组抗压强度试件，抗渗检验试件每 500～1000 m³ 成型一组，抗冻检验试件每 1000～3000 m³ 成型一组，不足以上数量者，也应取一组试件。

二、沥青混凝土面板施工

（一）沥青混凝土施工方法分类

沥青混凝土的施工方法有碾压法、浇筑法、预制装配法和填石振压法四种。碾压法是将热拌沥青混合料摊铺后碾压成型的施工方法，用于土石坝的心墙和斜墙施工；浇筑法是将高温流动性热拌沥青混合材料灌注到防渗部位，一般用于土石坝心墙；预制装配法是把沥青混合料预制成板或块；填石振压法是先将热拌的细粒沥青混合材料摊铺好，填放块石，然后用巨型振动器将块石振入沥青混合料中。

（二）沥青混凝土防渗体的施工特点

（1）施工需专用施工设备和经过施工培训的专业人员完成。防渗体较薄，工程量小，机械化程度高，施工速度快。

（2）高温施工，施工顺序和相互协调要求严格。

（3）防渗体不需分缝分块，但与基础、岸坡及刚性建筑物的连接处需谨慎施工。

（4）相对土防渗体而言，沥青混凝土防渗体不因开采土料而破坏植被，利于环保。

（三）沥青混凝土面板施工

1. 沥青混凝土面板施工的准备工作

（1）趾墩和岸墩是保证面板与坝堤间可靠连接的重要部位，一定要按设计要求施工。岸墩与基岩连接，一般设有锚筋，并用做基础帷幕及固结灌浆的压盖。其周线应平顺，拐角处应曲线过渡，避免倒坡，以便于和沥青混凝土面板的连接。

（2）与沥青混凝土面板相连接的水泥混凝土趾墩、岸墩及刚性建筑物的表面在沥青混凝土面板铺筑之前必须进行清洁处理，潮湿部位用燃气或喷灯烤干。然后在表面喷涂一层稀释沥青或乳化沥青，待稀释沥青或乳化沥青完全干燥后，再在其上面敷设沥青胶或橡胶沥青胶。沥青胶涂层要平整均匀，不得流淌。若涂层较厚，可分层涂抹。

（3）对于土坝，在整修好的填筑土体或土基表面先喷洒除草剂，然后铺设垫层。堆石坝体表面可直接铺设垫层。垫层料应分层填筑压实，并对坡面进行修整，使坡度、平整度和密实度等满足设计要求。

2. 沥青混合料运输

（1）热拌沥青混合料应采用自卸汽车或保温料罐运输。自卸汽车运输时应防止沥青与车厢黏结。车厢内应保持清洁。从拌和机向自卸汽车上装料时，应防止粗细骨料离析，每卸一斗混合料应挪动一下汽车位置。保温料罐运输时，底部卸料口应根据混合料的配合比和温度设计得略大一些，以保证出料顺畅。一般沥青混合料运输车或料罐运输的运量应比其拌和能力或摊铺速度大。

（2）运料车应采取覆盖篷布等保温、防雨、防污染的措施，夏季运输时间较短时，也可不加覆盖。

（3）沥青混合料运至指定地点后应检查拌和质量。不符合规定或已经结成团块、已被雨淋湿的混合料不得用于铺筑。

3. 沥青混合料摊铺

土石坝碾压式沥青混凝土面板多采用一级铺筑。当坝坡较长或因拦洪度汛需要设置临时断面时，可采用二级或二级以上铺筑。一级斜坡铺筑长度通常为 $120 \sim 150$ m。当采用多级铺筑时，临时断面顶宽应根据牵引设备的布置及运输车辆交通的要求确定，一般为 $10 \sim 15$ m。

沥青混合料的铺筑方向多沿最大坡度方向分为若干条幅，自下而上依次铺筑。当坝体轴线较长时，也有沿水平方向铺筑的，但多用于蓄水池和渠道衬砌工程。

4. 沥青混合料压实

沥青混合料应采用振动碾碾压，此时要在上行时振动、下行时不振动。待摊铺机从摊铺条幅上移出后，用 $2.5 \sim 8$ t 振动碾进行碾压。条幅之间接缝在铺设沥青混合料后应立即进行碾实，以获得最佳的压实效果。在碾压过程中有沥青混合料粘轮现象时，可向碾压轮洒少量水或洒加洗衣粉的水，严禁涂洒柴油。

5. 沥青混凝土面板接缝处理

为提高整体性，接缝边缘通常由摊铺机铺筑成 45°。当接缝处沥青混合料温度较低时，对接缝处的松散料应予清除，并用红外线或燃气加热器将接缝处 $20 \sim 30$ cm 加热到 $100 \sim 110℃$ 后再铺筑新的条幅进行碾压。有时在接缝处涂刷热沥青，以增强防渗效果。对于防渗层铺筑后发现的薄弱接缝处，仍需用加热器加热并用小型夯实器压实。

第六节　砌石坝施工

砌石坝坝体结构简单，施工方便，可就地取材，工程量较小；坝顶可以溢流，施工导流和度汛问题容易解决，导流费用低，故在中、小型工程中常见此坝型。

砌石坝施工程序为：坝基开挖与处理，石料开采、储存与上坝，胶结材料制备与运输，坝体砌筑，施工质量检查和控制。

一、筑坝材料

（一）石料开采、储存与上坝

砌石坝所采用的石料有细料石、粗料石、块石和片石。细料石主要用作坝面石、拱石及栏杆石等，粗料石多用于浆砌石坝，块石用于砌筑重力坝内部，片石则用于填塞空隙。石料必须质地坚硬、新鲜，不得有剥落层或裂纹。

坝址附近应设置储料场，必须对储料场位置、石料储量、运距和道路布置作全面规划。在中、小型工程中，主要靠人工进行石料及胶结材料的上坝运输。坝面过高，则使用常用设备运输上坝，如简易缆式起重机、塔式起重机、钢井架提升塔、卷扬道、履带式起重机等。

（二）胶结材料制备

砌石坝的胶结材料主要有水泥砂浆和一、二级配混凝土。胶结材料应具有良好的和易性，以保证砌体质量和砌筑工效。

1. 水泥砂浆

水泥砂浆由水泥、砂、水按一定比例配合而成。水泥砂浆常用的强度等级为 M5.0、M7.5、M10.0、M12.5 四种。对于较高或较重要的浆砌石坝，水泥砂浆的配比应通过试验确定。

2. 细石混凝土

混凝土由水泥、水、砂和石子按一定比例配合而成。细石多采用 5 ～ 20 mm 和 20 ～ 40 mm 二级配，配比大致为 1：1，也可根据料源及试验情况确定。混凝土常用的强度等级分为 10.0 MPa、15.0 MPa、20.0 MPa 三种。为改善胶结材料的性能、降低水泥用量，允许在胶结材料中掺入适量掺合料或外加剂，但必须通过试验确定其最优掺量。

二、坝体砌筑

坝基开挖与处理结束并经验收合格后，进行坝体砌筑。块石砌筑是砌石坝施工的关键工作，砌筑质量直接影响坝体的整体强度和防渗效果，故应根据不同坝型，合理选择砌筑方法，严格控制施工工艺。

（一）拱坝的砌筑

（1）全拱逐层全断面均匀上升砌筑。这种方法是沿坝体全长砌筑，每层面石、腹石同时砌筑，逐层上升。一般采用一顺一丁砌筑法或一顺二丁砌筑法。

（2）全拱逐层上升，面石、腹石分开砌筑。沿拱圈全长逐层上升，先砌面石，再砌腹石。该方法用于拱圈断面大、坝体较高的拱坝。

（3）全拱逐层上升，面石内填混凝土。沿拱圈全长先砌内外拱圈面石，形成厢槽，再在槽内浇筑混凝土。这种方法用于拱圈较薄、混凝土防渗体设在中间的拱坝。

（4）分段砌筑，逐层上升。将拱圈分为若干段，每段先砌四周面石，然后砌筑腹石，逐层上升。这种方法的优点是便于劳动组合，适用于跨度较大的拱坝，但增加了径向通缝。

（二）重力坝的砌筑

重力坝砌筑工作面开阔，通常采用沿坝体全长逐层砌筑、不分段的施工方法。但当坝轴线较长、地基不均匀时，也可根据情况进行分段砌筑，每个施工段逐层均匀上升。若不能保证均匀上升，则要求相邻砌筑面高差不大于1.5 m，并做成台阶形连接。重力坝砌筑多用上下层错缝，水平通缝法施工。为了减少水平渗漏，可在坝体中间砌筑一水平错缝段。

三、施工质量检查与控制

砌石工程施工应符合《浆砌石坝施工技术规定》，检查项目包括原材料、半成品及砌体的质量检查。

（一）浆砌石体的质量检查

砌石工程在施工过程中，要对砌体进行抽样检查。常规的检查项目及检查方法有下列三种。

1. 浆砌石体表观密度检查

浆砌石体的表观密度是质量检查中比较关键的地方。浆砌石体表观密度检查有试坑灌砂法与试坑灌水法两种。以灌砂、灌水的手段测定试坑的体积，并根据试坑挖出的浆砌石体各种材料的重量，计算出浆砌石体的单位重量。

2. 胶结材料的检查

砌石所用的胶结材料应检查其拌和均匀情况，并取样检查其强度。

3. 砌体密实性检查

砌体的密实性是反映砌体砌缝与饱满的程度、衡量砌体砌筑质量的一个重要指标。砌体的密实性以其单位吸水量表示。其值越小，表示砌体的密实性越好。单位吸水量用压水试验进行测定。

（二）砌筑质量的简易检查

1. 在砌筑过程中翻撬检查

对已砌砌体抽样翻起，检查砌体是否满足砌筑工艺要求。

2. 钢钎插扎注水检查

竖向砌缝中的胶结材料初凝后至终凝前，以钢钎沿竖缝插孔，待孔眼成型稳定后向孔中注入清水，观察 5 ～ 10 min，若水面无明显变化，说明砌缝饱满密实；若水迅速漏失，说明砌体密实性不够。

3. 外观检查

砌体应稳定，灰缝应饱满，无通缝；砌体表面应平整，尺寸满足设计要求。

第五章　水生态治理工程

随着经济的发展、城市化进程的加快、人民生活水平的提高，人们对生活环境要求日益提高，更讲求生活质量，对生存、生态环境有了更高的追求，对城市水利建设也有了更高的要求。水域在整个城市系统中起到增加城市视觉空间和提供游憩场所的作用。水域在当前国内外的城市规划中备受重视，充足的水量和良好完善的水生态环境不仅为城市居民提供了优美、和谐的生活环境，而且已成为城市居住适宜度评价的重要指标。目前，许多城市正在通过在穿越其中及周边河流上修建橡胶坝、水力自动翻板闸门及河道整治建筑物等水生态治理工程实现宜居生活环境。

第一节　橡胶坝

橡胶坝是用高分子合成材料按要求的尺寸，锚固于底板上形成封闭状，用水（气）充胀形成的袋式挡水坝，也可起到水闸的作用。橡胶坝可升可降，既可充坝挡水，又可坍坝过流；坝高调节自如，溢流水深可以控制；起闸门、滚水坝和活动坝的作用，其运用条件与水闸相似，用于防洪、灌溉、发电、供水、航运、挡潮、地下水回灌以及城市园林美化等工程中。20世纪50年代末，随着高分子合成材料工业的发展，橡胶坝作为一种新型水工建筑物出现。橡胶坝具有结构简单、抗震性能好、可用于大跨度项目、施工期短、操作灵活、工程造价低等优点。

一、橡胶坝的构造特点

橡胶坝由高强度的织物合成纤维受力骨架与合成橡胶构成，锚固在基础底板上，形成密封袋形，充入水或气，形成水坝。橡胶坝主要由基础土建部分、挡水坝体、充排水（气）设施及控制监测系统等部分组成。与传统的土石、钢、木相比，橡胶坝具有以下特点：

（1）造价低。橡胶坝的造价与同规模的常规闸相比，一般可以减少30%～70%投资，造价较低，这是橡胶坝的突出优点。

（2）节省三材。橡胶坝袋是以合成纤维织物和橡胶制成的薄柔性结构，代替钢、木及钢筋混凝土结构，由于不需要修建中间闸墩、工作桥和安装启闭机具等钢、钢筋混凝土水上结构，并简化水下结构，因此，三材用量显著减少，一般可节省钢材30%～50%、水泥50%左右、木材60%以上。

（3）施工期短。橡胶坝袋是先在工厂生产，然后到现场安装，施工速度快，一般3～15 d即可安装完毕，整个工程工期一般为3～6个月，多数橡胶坝工程是当年施工、当年受益。

（4）抗震性能好。橡胶坝的坝体为柔性薄壳结构，富有抗冲击性，回弹性为35%左右，伸长率达600%，具有以柔克刚的性能，故能抵抗强大地震波和特大洪水的波浪冲击。

（5）不阻水，止水效果好。坝袋锚固于底板和岸墙上，基本能达到不漏水。坝袋内水泄空后，紧贴在底板上，不缩小原有河床断面，无须建中间闸墩、启闭机架等结构，故不阻水。

根据室内测试资料和工程实践，可初步判定橡胶坝的使用寿命为15～25年。

另外，橡胶坝还具有坝袋坚固性差，橡胶材料易老化，要经常维修，易磨损，不宜在多泥沙河道上修建等特点。

二、橡胶坝的类型和适用范围

橡胶坝按照坝袋应力条件和结构形式的不同分为：①袋式（单袋和多袋），充水和充气；②帆式，如船帆，没有封闭的空腔；③刚柔结合式，利用钢和胶布的性能特点组合的结构形式。这里主要介绍袋式橡胶坝。

袋式橡胶坝适用于低水头、大跨度的闸坝工程，主要用于改善环境、灌溉和防洪。

（1）用于水库溢洪道上的闸门或活动溢流堰，以增加库容及发电水头，工程效益十分显著。从水力学和运用条件分析，建在溢洪道或溢流堰上的橡胶坝，坝后紧接陡坡段，无下游回流顶托现象，袋体不易产生颤动。在洪水季节，大量推移质已在水库沉积，过流时不致磨损坝袋，即使有漂浮物流过坝体，因为有过坝水层保护堰顶急流，也不易发生磨损。

（2）用于河道上的低水头溢流坝或活动溢流堰。平层河道的特点是水流比较平稳，河道断面较宽，宜建橡胶坝，它能充分发挥橡胶坝跨度大的优点。

（3）用于渠系上的进水闸、分水闸、节制闸等工程。在建渠系的橡胶坝，由于水流比较平稳、袋体柔软、止水性能好，能保持水位，通过控制坝高来调节水位和流量。

（4）用于沿海岸做防浪堤或挡潮闸。由于橡胶制品有抗海水侵蚀和海生生物影响的性能，不会像钢、铁那样因生锈导致性能降低。

（5）用于船闸的上下游闸门。实践表明，闸门适用于跨度较小的孔口，而坝袋则适用于跨度较大的孔口。

（6）用于施工围堰或活动围堰。橡胶活动围堰有其特殊优越之处，如高度可升可降，并且可从堰顶溢流，解决在城市取土的困难；不需取土筑堰，可保持河道清洁，节省劳力和缩短工期。

（7）用于城区园林工程。橡胶水坝造型优美、线条流畅，尤其是彩色橡胶坝更为园林建设增添一道优美的风景。

三、橡胶坝的坝址选择

橡胶坝坝址宜选在过坝水流流态平顺及河床岸坡稳定的河段，这不仅有利于避免发生波状水跃和折冲水流、防止有害的冲刷和淤积，而且使过坝水流平稳，减轻坝袋振动及磨损，延长坝袋使用寿命。据调查和实际工程观测，在河流弯道附近建橡胶坝，过坝水流很不平稳，坝袋易发生振动，加剧坝袋磨损，影响坝袋使用寿命。如果在河床、岸坡不稳定的河段建坝，将增加维护费用。因此，在选择坝址时，必须在坝址上下游均有一定长度的平直段。同时，要充分考虑河床或河岸的变化特点，估计建坝后对于原有河道可能产生的影响。

四、橡胶坝的布置

橡胶坝工程规模主要是指坝的高度和长度。

设计坝高是指坝袋内压为设计内压，坝上游水位为设计水位，坝下游水位为零时的坝袋挡水高度，如图 5-1 所示。确定设计坝高时应考虑坝袋坍肩和褶皱处溢水的影响。坝长是指两岸端墙之间坝袋的距离，若为直墙连接，则是直墙之间的距离；若为斜坡连接，则指坝袋达设计坝高时沿坝顶轴线上的长度。多跨橡胶坝的边墙和中墩若为直墙，则跨长为边墙和中墩或中墩与中墩的内侧之间的净距；若边墙和中墩为斜坡，则跨长如图 5-1 所示。

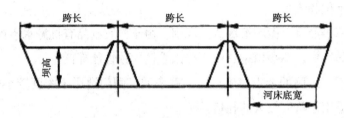

图5-1　橡胶坝坝高及坝长示意图

橡胶坝枢纽是以橡胶坝为主体的水利枢纽，一般由橡胶坝、引水闸、泄洪闸、冲沙闸、水电站、船闸等组成。橡胶坝枢纽布置应根据坝址地形、地质、水流等条件，以及该枢纽中各建筑物的功能、特点、运用要求等确定，做到布局合理、结构简单、安全可靠、运行方便、造型美观，组成整体效益最大的有机联合体。这是橡胶坝枢纽布置的依据和要求。橡胶坝（闸）整个工程结构由以下三部分组成，如图 5-2 所示。

（1）基础土建部分。包括基础底板、边墩（岸墙）、中墩（多跨式）、上下游翼墙、上下游护坡、上游防渗铺盖或截渗墙、下游消力池、海漫等。其作用是使上游水流平稳而均匀地引入并通过橡胶坝，要保证水流过坝后不产生淘刷。固定橡胶坝袋的基础底板要能抵抗通过锚固传递到底板的推力，使坝体稳定。

（2）挡水坝体。包括橡胶坝袋和锚固结构，用水（气）将坝袋充胀后即可起挡水作用，调节水位和控制流量。

（3）控制和安全观测系统。包括充胀和坍落坝体的充排设备、安全及检测装置。充水式橡胶坝的充排设备有控制室、蓄水池或集水井、管路、水泵、阀门等，充气式橡胶坝的充排设备是用空气压缩机（鼓风机）代替水泵，不需要蓄水池。观测设备有压力表、水封管、U 形管、水位计或水尺等。

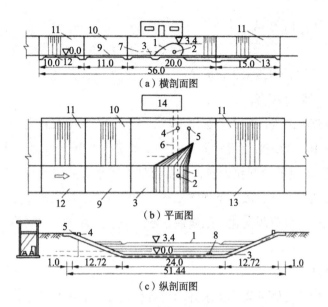

（a）横剖面图

（b）平面图

（c）纵剖面图

图5-2　橡胶水闸布置图

1—闸袋　2—进、出水口　3—钢筋混凝土底板　4—溢流管　5—排气管
6—泵吸排水管　7—泵吸排水口　8—水冒　9—钢筋混凝土防渗板
10—钢筋混凝土板护坡　11—浆砌石护坡　12—浆砌石护底　13—铅丝石笼护底　14—泵房

五、橡胶坝设计

（一）坝（闸）袋

坝（闸）袋有单袋、多袋、单锚固和双锚固等形式，如图 5-3 所示，按充胀介质可分为充水式、充气式。具体形式应根据运用要求、工作条件经技术经济比较后确定。作用在坝袋上的主要设计荷载为坝袋外的静水压力和坝袋内的充水（气）压力。

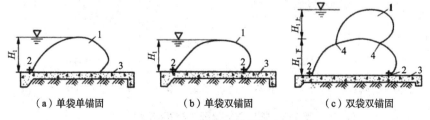

（a）单袋单锚固　　　　（b）单袋双锚固　　　　（c）双袋双锚固

图5-3　橡胶坝袋的形式

1—闸袋　2—锚固点　3—混凝土底板　4—锚接点

设内外压比值为 a,

$$a = H_0 / H_1 \qquad\qquad （5\text{-}1）$$

式中：H_0——坝袋内压水头，m;

H_1——设计坝高，m。

充水橡胶坝内外压比值宜选用1.25～1.60，充气橡胶坝内外压比值宜选用0.75～1.10。坝袋强度设计安全系数充水坝应不小于6，充气坝应不小于8。坝袋袋壁承受的径向拉力应根据薄膜理论按平面问题计算，坝袋袋壁强度、坝袋横断面形状、尺寸及坝体充胀容积的计算。坝袋胶布除必须满足强度要求外，还应具有耐老化、耐腐蚀、耐磨损、抗冲击、抗屈挠、耐水、耐寒等性能。

（二）锚固结构

橡胶坝依靠充胀的袋体挡水并承担各种荷载，这些荷载通过坝袋胶布传递给设置在基础底板上的锚固系统。锚固系统是橡胶坝安全稳定运行的关键部件之一。

锚固结构形式可分为螺栓压板锚固如图5-4所示，楔块挤压锚固如图5-5所示，以及胶囊充水锚固如图5-6所示三种，应根据工程规模、加工条件、耐久性、施工、维修等条件，经过综合经济比较后选用。锚固构件必须满足强度与耐久性的要求，锚固线布置分单锚固线和双锚固线两种。采用岸墙锚固线布置的工程应满足坍坝时坝袋平整不阻水，充坝时坝袋格皱较少的要求。

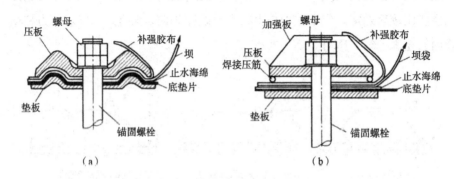

图5-4　螺栓压板锚固（穿孔锚固）

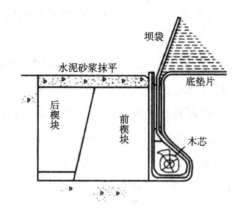

图5-5　楔块挤压锚固

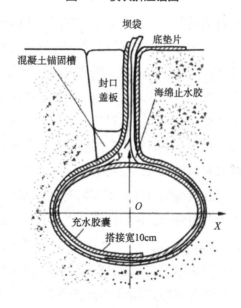

图5-6　胶囊充水锚固

六、橡胶坝的运行和维护

（一）运行

自动控制运行的橡胶坝通常可根据上下游水位进行自动控制与运行。半自动化橡胶坝不能自动充气，需要通过定期检查来检验橡胶坝的运行情况，采用可携带式鼓风机给坝体充气。

橡胶坝充气容易，不需专门技术，易于掌握。人工打开排气阀就可实现放气。通常，在 0.5 ~ 1 h（甚至更短时间）即可完成坝体的充、放气工作。

（二）维护

橡胶坝几乎不需要维修。唯一的一个机械部件是球网系统，它被用于控制坝的放气，不需要经常维修，因此橡胶坝几乎是免维修结构。黏土和废渣可能会黏附在坝体上，使坝外观难看。用清洁水洗刷表面，即可把坝体清洗干净。当河水受到诸如生铁废渣的严重污染时，可将橡胶坝放气，以将拦蓄的水与污染物同时排泄掉，坝体上游面的清洗可由身穿防护服的人员进行。坝体下游面的清洗可在对坝进行重新充气的同时实施。

七、橡胶坝的耐久性和可靠性

由于氧和臭氧引起断链和（或）聚合物的交联，将破坏合成橡胶并改变其网状结构。随着天然橡胶的老化，断链的作用会导致橡胶软化并黏着。大多数其他合成橡胶由于交联作用而变脆、变硬，而且受热、紫外线以及诸如铜、钴和镍等金属均会加速橡胶的氧化，应力也会加速橡胶坝的氧化。在坝体表面用氯磺酰化聚乙烯合成橡胶（氯锡酸盐聚乙烯橡胶）做涂层，可增强抵抗阳光照射的能力。根据纤维试样大量的试验数据以及对坝的实际性能进行的监测已证实了橡胶材料的耐久性。在实验室条件下进行的加速橡胶纤维老化试验结果表明，橡胶纤维的设计使用年限至少为 40 年。

实践证明，橡胶坝是可靠的。可靠的原因之一是充、放气装置的失灵率很低，这是由于装置构造简单；此外，坝易于养护，不需要定期喷漆与加润滑油，因为它们不依赖于像滑动门这样的构件。所进行的大多数维护工作与漏气有关，并且修理起来很简单，通过厂家提供配备的修理工具及备料，即可处理大部分漏气问题。对于重大的修理问题，很容易得到制造厂家的技术支持。

现代化的橡胶坝工程可通过安装闭路电视系统对橡胶坝安装地点进行监视，以保证其安全运行。将大功率、可遥控摄像机安装在方便有利的地方，这样对橡胶坝群的监控将更有效。

八、需要注意的问题

（一）坝的损坏

（1）人为破坏造成的损坏。橡胶坝容易受到尖利和有尖角物体的损坏，在容易遭受到由于无知或恶意破坏而造成严重的重复损伤的地方不应安装橡胶坝。通过筑起栅栏把靠近橡胶坝的地面隔护起来，可以减少上述情况的发生；或将橡胶坝设置在被封闭起来的区域内，进入该区域的通路只限于允许出入的工作人员通过。

（2）洪水过后的残骸造成的损坏。洪水过后遗留的各种残骸，诸如民用设施与建筑材料这类尖利的物体很可能对坝体的上游面造成损伤。微小处的漏气易于修复，然而如果漏气面积很大，如建筑物的碎石造成的漏气，修复起来比较困难。

（3）放气造成的损坏。放气期间，橡胶坝体可能会被紧靠坝体下游面的尖利物体刺破。

（4）磨损造成的损伤。坝体的振动，坝与河床、两岸的摩擦以及漂浮的各种垃圾都可能导致坝的磨损。

（5）火造成的损坏。火也许是对橡胶坝最为不利的潜在危害因素。火可引起大范围的坝体损坏，而修复大面积的坝体有时是不可能的。对于很重要的坝，可行的办法是提供备用橡胶坝，以便在出现严重损坏时能迅速替换。

（二）气体漏损

人们也许会对橡胶本身也可透气感到惊奇，而实际上，无论坝安装得多么好，都会渗漏掉一些气体，这是因为气体分子可通过橡胶膜逸出，这种损失几乎是感觉不到的。因此，橡胶坝需反复充气以维持坝内的气压。

交联、刺伤、管道连接缺陷，以及紧固系统不严也可能引起气体损失。

施工质量和其他因素的影响导致漏气。就平均情况而言，每个月均应对橡胶坝进行充气以保持其内压。

（三）易风化

正如前面所述，合成橡胶易风化。现已使用像乙烯、丙烯、二烯这样的单分子橡胶以及氯磺酰化聚乙烯合成橡胶（氯锡酸盐丙烯橡胶）以提高橡胶坝的耐久性。

（四）冷凝水的聚集

频繁地充气和放气引起坝内气压变化，引发坝体内冷凝水积聚，会导致放气时间延长。因此，需定期打开排放口以排放冷凝水。这种操作很简单，只需人工打开排水阀。

（五）放气后坝体上的碎石堆积

在放气期间，淤泥有时是漂砾，堆积在放气后的坝体上，再次充气前，必须将它们清除掉。这个问题可通过分阶段给坝充气来克服。

（六）放气失败

偶尔，由于排水管堵塞，将坝内气体完全放光可能很困难。这种情况是坝体内过量的冷凝水堵塞空气排放系统所导致的。

第二节　水力自控翻板闸门

水力自控翻板闸门是在水压力和闸门自重的作用下，利用力矩平衡原理使闸门绕水平铰轴转动，不需另加外力，能自动启闭。这类闸门常用于拦河闸上，在正常蓄水位时，闸门关闭，拦蓄河水，起到壅高水位的作用，以满足城市景观、灌溉、发电及航运等的需要。

当上游来水量增加或暴发洪水时，水位迅速抬高，闸门能自动开启（倾倒），水流从门顶、门底部同时宣泄，确保上游和两岸免受淹没。洪水过后，上游水位降落至一定高度时，闸门自动关闭，重新拦蓄河水。翻板闸门在国内外已有较长的应用历史，但由于早期的门型存在的问题较多，一度未能推广应用。我国水力自控翻板闸门技术发展较快，20 世纪 70 年代初，陆续涌现出了一批新型的水力自控翻板闸门，在闸门结构形式、调节性能以及运行方式上都有了较大发展。20 世纪 80 年代，连杆滚轮式和连杆滑块式水力自控翻板闸门的出现使翻板闸门的结构形式和调节性能日臻完善。

水力自控翻板闸门经历了几个不同的发展阶段，从非连续铰式发展为连续铰式。非连续铰式包括单轴铰式、双轴铰式和多轴铰式等，连续铰式包括曲线轴式、连杆滚轮式和连杆滑块式等。

单铰轴式是在门高的 1/3 处设一水平铰轴，该种闸门调节性能差，开门倾倒时，瞬时下泄流量形成"溃坝式"波浪，对下游消能防冲颇为不利；闸门突开突关的运行方式，会产生很大的撞击力，易撞坏门体和支墩。

为改善闸门的运行条件，设计者采用了各种措施，如在闸门底部加上一定配重，或在门体下部采用密度较大的材料以使门能较及时地关闭，或将支墩后部适当垫高，使闸门开启后不至于倒平，有利于增加关门力矩。但这些措施并没有从根本上解决单铰翻板门的缺点。

双轴铰式加油压减震器式翻板闸门如图 5-7 所示，采用较矮的支墩，并在支墩上设高低铰位，即在每一个门铰上设置上下两个轴，因此闸门的开关过程就有一个变换支承轴的过程，使闸门的开关过程分两步进行，这对减小闸门启用时的撞击力和开关不及时等有了一定的改善。另外，在门体与支墩之间装设油压减震器，减缓启闭的速度，消耗门叶旋转过程中的大部分动能，较好地解决了翻板门在回关时撞击门坎的问题，使门体和门坎免遭破坏。

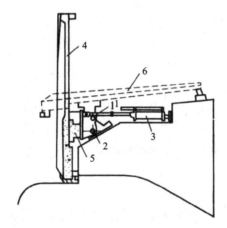

图5-7 双轴铰式加油压减震器式翻板闸门

1—上轴 2—下轴 3—油压减震器 4—带肋面板 5—主梁 6—闸门全开区位置

多铰翻板闸门如图 5-8 所示是在双铰翻板闸门实践的基础上，对闸门的构造做进一步的改造而设计出来的。该种闸门具有多个铰轴位和开度，提高了闸门的调节精度，使闸门能随水位的涨落而逐渐启闭，既能调节过闸流量，又能避免闸门突开、突关引起的震动或撞击。多铰翻板闸门的构造特点是在门体后加一框架式支腿，支腿后设有铰座，铰座上设置有倾斜的轴槽座，轴槽座上又具有与铰轴相应的轴槽。当闸门支承在某一铰位上时，闸门的工作原理同样是力矩平衡，但是闸门的启闭过程为逐次翻倒或逐次关闭，并逐次支承于不同铰位的过程。

将多被改造成由无数铰组成的"连续铰"，用一完整的曲线形铰代替多铰的作用，并取消门叶后的支腿，就成为曲线铰式翻板闸门如图 5-9 所示。曲线铰由铰板和曲线支座组成，校板设置在门叶后，曲线形支座设置在支墩上，相当于多铰的轴槽。与单铰相比，曲线铰式翻板闸门的调节性能比单铰好，能较灵敏地以多种开度来适应上游来水量或水位的变化，而且使闸门基本实现逐渐开启和逐渐关闭。但是多铰闸门的支腿及铰轴、轴槽的结构仍相当复杂，铰轴的防污问题及调节精度有待解决和提高。但由于其随遇平衡的工作特点，使闸门抵御外来干扰的能力较差，如波浪、动水压力、下游水流的紊动等都可能使闸门改变开度位置，从而使闸门产生来回摆动徐开徐关，甚至有"拍打"现象，严重时会使闸门及闸底坎遭受破坏，这在淹没出流情况下尤为严重。此外，这种闸门漏水严重。

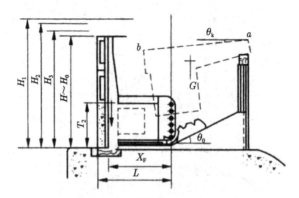

图5-8　多铰轴翻板闸门的主要尺寸及特征水位

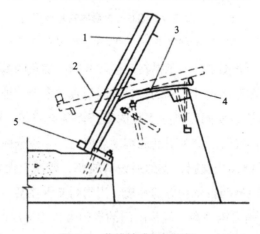

图5-9　曲线铰式翻板闸门

1—闸门门体　2—闸门开启位置　3—链带支座面　4—可调螺栓　5—平衡配重

20世纪80年代初，连杆滚轮式水力自控翻板闸门问世。该闸门由面板、支腿、支墩、导轨、滚轮、连杆等部件组成如图5-10所示。这种闸门在启闭过程中，门叶完全由连杆和滚轮支承，连杆和滚轮设计得当时，门叶的瞬时转动中心（以下简称瞬心）能随门叶朝开启方向转动，朝门顶方向移动（开门），也能随门叶向关闭。当上游水位升高，水压合力增大且重力与水压合力作用线高于瞬心时，方向转动朝门底方向移动（关门）。产生的转动力矩使门叶朝开启方向转动，随着瞬心上移使水压转动力矩减小。

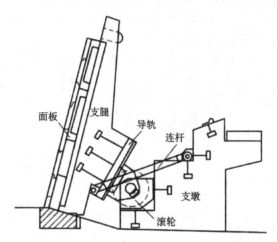

图5-10　连杆滚轮式水力自控翻板闸门

对于某一水位，当门叶转动到某一特定位置，使门叶转动的摩阻力矩与相应位置的转动力矩平衡时，门叶将稳定于此特定位置或开度。同样，在关闭过程中，由于上游水位下降，重力与水压合力作用线低于瞬心，形成使门叶朝关闭方向转动的力矩。当门叶转动到某一特定位置，门叶转动的摩阻力矩与相应位置的转动力矩平衡时，门叶将稳定于此特定位置或开度。由于实际工程的水位涨落都经历一定的时程，因而门叶的开度能平稳地随着水位的变化而变化。因此，该闸门除具备多支铰闸门水位控制准确的优点外，在解决闸门运行稳定性这一难题上取得了较大进展，得到了较快的推广使用。

连杆滚轮式水力自控翻板闸门利用连杆的阻尼作用，使闸门的稳定性有了极大的提高，这种闸门的连杆和滚轮设计得当时，基本不会发生拍打现象。但仍有可能在某些不利的水位组合下产生拍打，特别是在高淹没度运行时，门体受到外力干扰就会产生拍打。

更新型的水力自控翻板闸门是连杆滑块式水力自控翻板闸门如图5-11

所示，与连杆滚轮式翻板闸门相比，这种闸门在理论上取得了突破性进展，解决了闸门稳定性差、震动严重这一久攻不克的难题，经模型试验和多处工程实例证明，具有在较复杂的水力条件下安全运行的能力，能广泛运用于水利水电、水运、城市环保等领域。

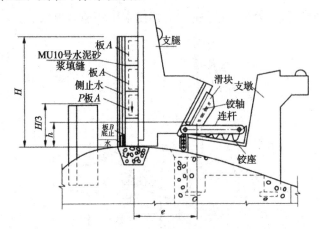

图5-11　连杆滑块式水力自控翻板闸门

近年来，对连杆滑块式水力自控翻板闸门的广泛应用表明，连杆滑块式水力自控翻板闸门在水利水电工程上应用，具有很好的社会经济效益，同时克服了连杆滚轮式水力自控翻板闸门的某些局限，即在某些不利的水位组合下可能产生拍打，而连杆滑块式翻板闸门具有在较复杂的水力条件下安全稳定运行的性能，因此宜推广使用。

一、水力自控翻板闸门的工作原理

按照水力自控翻板闸门的工作状态，可分为静态和动态两种。前者是指闸门在某一开度上静止不动，作用在闸门上的诸力构成一静定平衡力系的状态。此时，闸下出流量与实际来水量相符，闸的上下游水位也稳定不变。后者是当实际来水量改变时，闸门的开度也随之变化，闸门随来水的变化从某一开度过渡到另一开度，称为闸门的动态过程。处于动态过程中运动着的闸门，作用在闸门上的诸力是变化的，而且并不平衡。

按照闸门在静态时门上诸力的人小及其平衡关系来分析闸门的工作状态，称为闸门的静态工作原理。按照闸门在运动过程中所受的力和这些力在运动过程中的变化来分析闸门在运动过程中的工作状态，称为闸门的动态工作原理。下面以连杆滚轮式水力自控翻板闸门为例，介绍其工作原理，分析其受力和运动。

（一）闸门的静态工作原理

按照静态工作原理，水力自控翻板闸门在某一开度固定不动时，作用在门上的诸力形成一平衡力系。作用在门上的荷载有闸门自重 W，门叶上游面、下游面、底缘和顶缘所受水压合力 P_{12}、P_{34}、P_5、P_6，滚轮的支承力 N，连杆的内力 T，以及橡皮侧止水摩擦力 F_1，滚轮与导轨之间的综合摩擦力 F_2。闸门各开度都能自动地保持平衡，要求各力对铰座的力矩之和为零，其受力示意见图 5-12。为了说明连杆的作用及阻尼原理，将结构体系进行简化，见图 5-13。

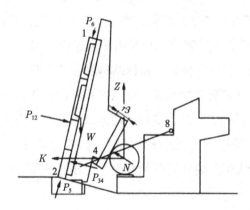

图5-12　连杆滚轮式闸门受力示意图

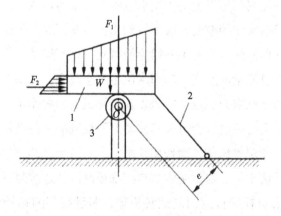

图5-13　结构体系简图

1—门体　2—连杆　3—滚轮

闸门在水压力 F_1、F_2 及自重 W 的共同作用下，处于平衡状态，对 O 点的力矩总和为零，即 $M_F + M_W = 0$。这时连杆不受力，内力为零。若上游来水量增加，则水压力增加一增量 ΔF，相应增加力矩 ΔM_F，结构体系有向右转的趋势，此时连杆会产生反力 R，形成阻抗力矩 $M_R = Re$ 来阻止其运转。M_R 随着来水量的增加而逐渐增大，当 M_R 达到最大值时，结构体系将处于向右转动前的极限平衡状态。这时的静力平衡方程式为

$$(M_F + \Delta M_F) - M_W - M_R = 0 \qquad (5\text{-}2)$$

相反，当上游来水量减小时，则增加反向力矩 ΔM_F，连杆将产生拉力，其极限平衡状态时的静力平衡方程式为

$$(M_F - \Delta M_F) - M_W + M_R = 0 \qquad (5\text{-}3)$$

由式（5-2）和式（5-3）可见，当来水量变化时，连杆所产生的力矩 M_R 能使结构体系重新维持稳定，但是由于是连杆结构，不能保证结构不变形，当 ΔF 增（减）至一定值时，连杆结构就会发生变位，闸门将增加（减小）开度，从而使 ΔF 又发生改变，结构在新的位置通过新的 M_R 重新维持稳定。因此，连杆的内力不是不变的，而是以不断改变的量来使闸门在新的变量中维持稳定。同时，由于连杆的存在，缓冲了闸门的转动速度，使闸门必须克服 M_R 的最大值才能转到新的开度。这样就保证了闸门的开启和关闭达到相对稳定。

（二）闸门的动态工作原理

水力自控翻板闸门是以上游控制水位的方式来运行的，当门前来水量改变时，将引起门前水位的改变，改变后的水位与此情况下平衡时的预定水位有一偏差，这一偏差所产生的不平衡力使得闸门进行运动。在闸门的运动过程中，随着闸下过流量的改变，门前水位也发生改变，运动中的闸门将受到水流作用于它的惯性阻力、运动阻力以及连杆阻尼力的作用。当阻尼因素足以维持闸门的稳定运行时，经过一阵波动，所控制的水位将最后趋近于在新的平衡位置时的预定水位值，而作用在闸门上的诸力又趋于平衡，闸门在新的开度位置上平衡不动。这就是水力自控翻板闸门的过渡过程。

为说明水力自控翻板闸门的运转机理，假设闸门的初始状态是稳定状态，闸门的开度用闸门的倾斜角 θ 表示，上游的来水量等于闸门的泄量，即 $Q_来 = Q_泄$，上游水位为 $H_上$。

当上游来水量有一增量 ΔQ 时，因闸门不能立即开启至某一开度以适应 ΔQ 的变化，造成来水量大于泄水量，即 $Q_来 + \Delta Q > Q_泄$，引起门前水位暂时壅高 ΔQ，从而使门前水压力增大，相应地作用于闸门上的力矩也增加一开门力矩 $\Delta M_开$。当 $\Delta M_开$ 大于摩擦力矩时，闸门开度有一增量 $\Delta\theta$，闸门进入新的状态，其开度为 $\theta + \Delta\theta$，相应地有一下泄增量 $\Delta Q_泄$，如果上游来水量不再变化，在新的状态下闸门是否稳定并维持新的上游水位，取决于以下两个条件：

（1）来水量与泄水量是否相适应。如果来水量与泄水量相适应，即 $Q_来 + \Delta Q = Q_泄 + \Delta Q_泄$，也就是 $\Delta Q_来 = \Delta Q_泄$，使新开度与新来水量相适应，闸门仍维持在 $H_上$ 不变，处于稳定运行状态。如果 $\Delta Q_来 \neq \Delta Q_泄$，新开度与新来水量不相适应，则自动调整开度，重复上述过程。

（2）下游水面的衔接是否合理。下泄量增加后，对于不同的流量，下游有不同的水位情况，就可能出现不同的水面形式。一般来说，如果闸下是自由出流，下游水位不影响闸门，对闸门的稳定性基本无影响。若是淹没出流或者是波状水跃或者门顶水舌与下部孔流水面间形成负压，则都可能使紊动的水流波及闸门，影响泄流，从而反馈于闸前水位。

需要说明的是，当开门力矩增量 $\Delta M_开$ 小于摩擦力矩时，闸门的开度不变化，闸门是否稳定，仍取决于来水量与泄水量是否相适应和下游水面衔接是否合理这两个条件。

当上游的来水量减少时，与来水量增加的分析类似。

（三）水力自控翻板闸门受力情况及运动分析

如图 5-12 所示，按照作用于闸门上的各力相对于转轴的合力矩平衡原理进行分析，水力自控翻板闸门应能保证在预定的水位条件下保持平衡。

当门叶在某一开度 θ 处于平衡状态时，其平衡方程为

$$\Sigma K = 0$$

即

$$-\left(P_{12} - P_{34}\right)\cos\left(\varphi - \varphi_A\right) + \left(P_6 - P_5\right)\sin\left(\varphi - \varphi_A\right) + N\cos\varphi + F\sin\varphi - T\sin\varphi_T = 0 \tag{5-4}$$

$$\Sigma Z = 0$$

即

$$-\left(P_{12}-P_{34}\right)\sin\left(\varphi-\varphi_{A}\right)-\left(P_{6}-P_{5}\right)\cos\left(\varphi-\varphi_{A}\right)+ \\ N\sin\varphi-F\cos\varphi+T\cos\varphi_{T}-W=0 \quad\quad (5-5)$$

各作用力对滚轮与导轨的接触点的矩

$$\Sigma M=0$$

即

$$P_{12}l_{12}+P_{34}l_{34}+P_{5}l_{5}-P_{6}l_{6}-Wl_{T}+Tl_{T}=0 \quad\quad (5-6)$$

式中：P_{12}、P_{34}、P_{5}、P_{6}——门叶上游、下游、底缘、顶缘所承受的水压力的合力；

$\quad\quad\varphi$——Y轴与Z轴的夹角；

$\quad\quad\varphi_{A}$——Y轴与门叶上游平面的夹角；

$\quad\quad T$——连杆内力，受拉为正、受压为负；

$\quad\quad\varphi_{T}$——连杆与Z轴的夹角；

$\quad\quad W$——门体自重；

$\quad\quad l_{12}$、l_{34}、l_{5}、l_{6}——P_{12}、P_{34}、P_{5}、P_{6}作用线至滚轮与导轨接触点的距离。

具体计算时将P_{12}分解成三角形部分P_1和矩形部分P_2，将P_{34}分解成三角形部分P_3和矩形部分P_4，设l_1、l_2、l_3、l_4分别为P_1、P_2、P_3、P_4作用线至滚轮与导轨接触点的距离。

稳定性分析中忽略机械摩擦力的影响，结果偏于安全，且一般机械摩擦力远小于水流的作用力，故忽略不计，由式（5-4）～式（5-6）三式联立求解得

$$T=\frac{W\cos\varphi+\left(P_{6}-P_{5}\right)\cos\varphi_{A}-\left(P_{12}-P_{34}\right)\sin\varphi_{A}}{\cos\left(\varphi_{T}-\varphi\right)} \quad\quad (5-7)$$

$$l_{T}=Z_{8}\sin\varphi_{T}+K_{8}\cos\varphi_{T}-r_{2}\cos\left(\varphi_{T}-\varphi\right) \quad\quad (5-8)$$

$$M_{T}=Tl_{T} \quad\quad (5-9)$$

$$N=\left(P_{12}-P_{34}\right)\cos\left(2\varphi-\varphi_{A}\right)+\left(P_{6}-P_{5}\right)\sin\varphi_{A}-T\sin\left(\varphi-\varphi_{T}\right)+W\sin\varphi$$
$$(5-10)$$

二、水力自控翻板闸门的特点及需注意的问题

（1）启闭灵敏，不需要人工或机械操作，且可保持相对稳定的上游水位，保证发电水头和水深；改善城市河道景观，净化水质，汛期还可冲淤，山区、丘陵地区及平原均可采用，适用范围广。

（2）施工方便，可在工厂预制，然后运往工地组装，节省工期，投资少，与常规的平板提升钢闸门和弧形闸门（含启闭设备、附属建筑物）相比，一般可节省 30% ～ 45% 投资。

（3）闸门的支承结构均在门后水上部分的下游侧，维修较方便。

（4）闸门开启后，泥沙可从闸门底部泄走，起冲沙作用。

（5）当上游来水量较大时，阻碍洪水的断面较小，对上游不允许淹没的地区颇为有利。

（6）对闸址地质条件要求较低。

（7）当下游水位较高时，运转稳定性差，会出现拍打现象。

（8）汛期杂草、树枝、树根等漂浮物较多，闸门会被卡住，水位降落后翻板门回关不到位，影响正常运行。汛后清除这些杂物也很困难，需要用千斤顶、吊车或滑轮把闸门开启后清除，给管理工作带来很大麻烦。

正是由于水力自控翻板闸门的上述特点，故应根据当地的具体情况进行认真分析，精心设计、精心施工，并注意以下六点：

（1）水力自控翻板闸门的宽高比宜控制在 2 ～ 3.5，这样有利于闸门运转的稳定性。若门高定得太高，全开水位也较高，不仅会淹没农田，还会影响泄洪；若门高定得太低，又会无谓地损失水量及水头。

（2）启动水位应高于门顶，若启动水位低于门顶，门前将会积存来自上游的漂浮物等，启动后大部分水流挟带漂浮物从门底经过，易堵塞，影响运行。为防止漂浮物堵塞闸门，可在铰座四周加设拦污设施，以防污物缠绕铰座。

（3）水力自控翻板闸门全开水位时的门顶水深宜控制在 $(0.18 \sim 0.2)H$（H 为门高），以免影响闸门的稳定与泄流。

（4）水力自控翻板闸门是借助水力和重力作用，在一定水位条件下自动启闭的，它不能随意控制泄量和开度，倘若提前排放泄量，需有专门机具或

人工操作拉开闸门。

（5）水力自控翻板闸门施工时，要严格控制其重量、尺寸及材料配比，以防水力自控翻板闸门活动部分的重心位置和重量直接影响关门力矩。

（6）水力自控翻板闸坝应避免修建在河流的弯道处，必要时需经过模型试验验证。

第三节　河道整治建筑物

治理河道的目标，需要通过工程措施和工程建筑物来实现，凡是以河道整治为目的而修筑的建筑物，称为河道整治建筑物，简称整治建筑物，又常称河工建筑物。

一、整治建筑物的类型和作用

从不同的角度出发，整治建筑物有不同的分类。

按照建筑材料和使用年限，可分为轻型的（或临时性的）整治建筑物和重型的（或永久性的）整治建筑物。凡用竹、木、苇、梢等轻型材料修建的，抗冲和抗朽能力差、使用年限短的建筑物，均称为轻型的（或临时性的）整治建筑物。凡用土料、石料、金属、混凝土等重型材料修建的，抗冲和抗朽能力强、使用年限长的建筑物，均称为重型的（或永久性的）整治建筑物。轻型的整治建筑物与重型的整治建筑物的选择应综合考虑以下条件：①对整治工程的要求；②必须使用的最低年限；③修建地点的水流及泥沙情况；④材料来源；⑤施工季节和施工条件等。

按照与水位的关系，可分为淹没的整治建筑物和非淹没的整治建筑物。在各种水位下都可能遭受淹没的建筑物称为淹没的建筑物，而在各种水位下都不被淹没的建筑物则称为非淹没的整治建筑物。淹没的整治建筑物和非淹没的整治建筑物的选择，应综合考虑水流条件、整治工程的要求。

按照建筑物的作用及其与水流的关系，可以分为护坡、护底整治建筑物和环流整治建筑物，透水的整治建筑物与不透水的整治建筑物。护坡、护底整治建筑物是用抗冲材料直接在河岸、堤岸、库岸的坡面、坡脚和基础上做成连续的覆盖保护层，以抗御水流的冲刷，属于一种单纯性防御工事。环流整治建筑物，是用人工的方式激起环流，用以调整水、沙运动方向，达到整治目的的一种建筑物。其本身透水的称为透水的整治建筑物，本身不允许透水的称为不透水的整治建筑物。建筑物的选用主要考虑整治目的和建材来源。

各种不同类型的建筑物常做成护岸、垛、坝等形式，结构基本相同，只是形状各异，故所起的作用不同。

（一）丁坝

丁坝是一端与河岸相连，另一端伸向河槽的坝形建筑物，在平面上与河岸连接如丁字形。丁坝能起到挑流、导流的作用，故又名挑水坝。根据丁坝的长短和对水流的作用，可分为长丁坝、短丁坝、透水丁坝、不透水丁坝、淹没丁坝与非淹没丁坝。丁坝的长度较长，不仅能护岸、护坡，而且能将主流挑向对岸的为长丁坝；丁坝的长度较短，只能局部将主流挑离岸边，起到护岸、护坡作用的为短丁坝。根据阿尔图宁的研究，丁坝长 $L > 0.33B_w\cos\alpha$ 称为长丁坝，丁坝长 $L < 0.33B_w\cos\alpha$ 称为短丁坝，如图 5-14 所示。凡用透水材料修筑的称为透水丁坝，其主要作用是缓流落淤，如编篱坝、透水柳坝等。凡用不透水材料修建的丁坝称为不透水丁坝，主要起挑流和导流作用。淹没丁坝与非淹没丁坝，则主要根据其作用而定。一般非淹没丁坝多修筑成下挑形式，淹没丁坝可修建成上挑形式，在水流有正逆向流动的河段，如河口地区多修建成正挑形式。

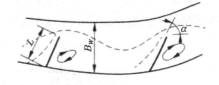

图5-14　丁坝与短丁坝

（二）顺坝

顺坝是坝身顺着水流方向，坝根与河岸相连，坝头与河岸相连或留有缺口的整治建筑物。顺坝亦分淹没顺坝和非淹没顺坝。坝顶高程和丁坝一样，视其作用而异。若系整治枯水河床，则坝顶略高于枯水位；若系整治中水河床，则坝顶与河漫滩平；若系整治洪水河床，则坝顶略高于洪水位。顺坝的作用主要是导流和束狭河床，有时也用作控制工程的联坝。

（三）锁坝

锁坝是一种横亘河中而在中水位和洪水位时允许水流溢过的坝。其主要用作调整河床，堵塞支汊，如修筑在堤河、串沟，则可加速堤河、串沟的淤积。由于锁坝是一种淹没整治建筑物，因此对坝顶应进行保护，可以用石料铺筑或植草的办法加以保护。

（四）潜坝

坝顶高程在枯水位以下的丁坝、锁坝均称为潜坝。潜锁坝常建在深潭处，用以增加河底糙率、缓流落淤、调整河床、平顺水流。潜丁坝可以保护河底、保护顺坝的外坡底脚及丁坝的坝头等免受冲刷破坏。在河道的凹岸，因河床较低，有时在丁坝、顺坝的下面做出一段潜丁坝，以调整水深及深泓线，如图 5-15 所示。

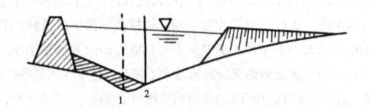

图5-15　与顺坝相联调整深泓线的潜丁坝

1—原深泓线　2—调整后的深泓线

以上各种坝型，有的单独使用，有的联合使用，如图 5-16 所示即多种坝型联合使用的情况。

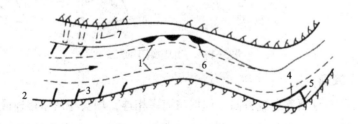

图5-16　多种坝型联合布置

1—整治线　2—大堤　3—丁坝　4—顺坝　5—格坝　6—柳石垛　7—活柳坝

二、丁坝的平面形式与剖面结构

（一）坝的平面形式

丁坝平面上各部位的名称如图 5-17 所示。坝与堤或滩岸相连的部位称为坝根，伸入河中的前头部分为坝头，坝头与坝根之间称为坝身。在不直接遭受水流淘刷的坝根及坝身的后部，仅修土坝即可，在可能被水流淘刷的坝头及坝身的上游面需要围护，以保证坝体的安全。坝头的上游拐角部分为上跨角，从上跨角向坝根进行围护的迎水部分称为迎水面，坝头的前端称前头，坝头向下游拐角的部分称为下跨角。

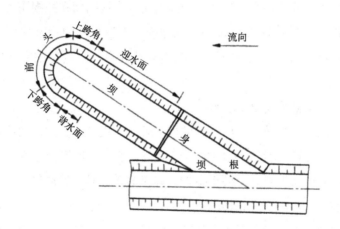

图5-17 丁坝平面各部位名称

坝头的平面形状对水流和坝身的安全都有一定的影响，研究坝头的平面形状在生产上有重要意义。过去，由于历史原因和条件限制，坝头形状较复杂。目前采用的坝头形式主要有圆头形、拐头形和斜线形三种，如图 5-18 所示。三种不同的坝头形式各有优缺点。圆头形坝的主要优点是能适应各种来流方向，施工简单；缺点是控制流势差，坝下回流大。拐头形坝的主要优点是送流条件好，坝下回流小；但对来流方向有严格要求，坝上游回流大是其主要缺点。斜线形坝的优缺点介于以上两者之间。一般情况下，圆头形坝修筑在一处工程的首部，以发挥其适应各种来流方向的优点；而拐头形坝布置在工程的下部，用作关门坝；斜线形坝多用在工程的中部，以调整水流。这种扬长避短布设各种坝头的形式，将收到良好的效果。

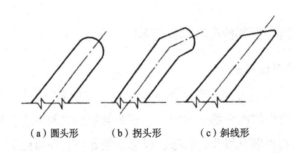

（a）圆头形　　（b）拐头形　　（c）斜线形

图5-18　坝头的平面形状

（二）坝的剖面结构

丁坝由坝体、护坡及护根三部分组成。坝体是坝的主体，也称土坝基，一般用土筑成。护坡是指为了防止坝体遭受水流淘刷而在外围用抗冲材料加以裹护的部分。护根是为了防止河床冲刷，维持护坡的稳定性而在护坡以下修筑的基础工程，也称根石，一般用抗冲性强、适应基础变形的材料来修筑。

护坡的结构常采用以下三种。

（1）散抛块石护坡。在已修好的坝体外，按设计断面散抛块石而成，如图 5-19 所示。这种护坡形式的主要优点是坡度缓，坝坡稳定性好，能适应基础变形，险情易于暴露，便于抢护，施工简单，易于管理等。其主要缺点是坝面粗糙，经常需要维修加固等。

（2）护坡式砌（扣）石坝。这种护坡形式是用石料在坡面随坡砌筑或扣筑而成的，如图 5-20 所示。其主要优点是坡度较缓，坝体稳定性较好，抗冲能力强，用料较省，水流阻力小等。其主要缺点是对基础要求高，一旦出险抢护困难，施工技术要求高等。

（3）重力式砌石坝。这种护坡形式是用石料砌垒而成的实体挡土墙。它凭借自身的质量来承受坝体的土压力和抵抗水流的冲刷，如图 5-21 所示。其主要优点是坡度陡，易于抛石护根，坝面平整，抗冲力强，砌筑严密整齐美观。其缺点是对基础的承载能力要求高，坝体大、用料多，施工技术复杂等。

上述三种护坡形式各有优缺点，一般情况下，新修坝的基础变形大，多采用散抛块石坝。当经过一定的施工性抢险，坝基础已达稳定冲刷深度时，可根据基础承载能力的大小，改建为护坡式砌（扣）石坝或重力式砌石坝。

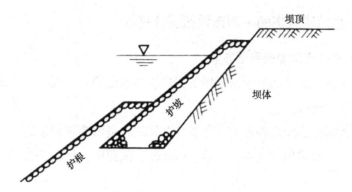

图5-19　散抛块石坝断面图

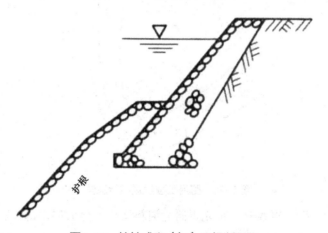

图5-20　护坡式砌（扣）石坝断面图

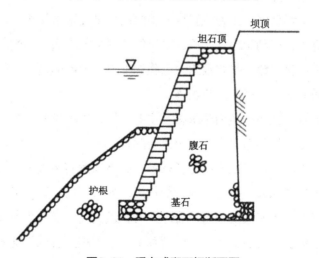

图5-21　重力式砌石坝断面图

三、整治建筑物的平面布置和设计高程

（一）整治建筑物的平面布置

整治建筑物的平面布置是根据工程位置线确定的。工程位置线是指整治建筑物头部的连线。

这是依据整治线而确定的一条复合圆弧线，呈凹型布局形式。工程位置线的布设，一般采用"上平、下缓、中间陡"的原则，如图5-22所示。

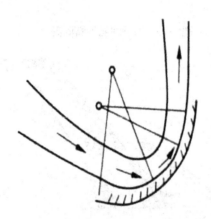

图5-22　整治工程位置线示意图

在设计工程位置线时，首先要研究河势变化，分析靠流部位和可能上提下挫的范围，结合整治线而确定工程布设范围，然后分段确定工程位置线。为防止水流抄工程后路，工程位置线上段的曲率半径宜尽量大些，必要时甚至可以采用直线，以利于引流入湾；中段的曲率半径应当小一些，以利在较短的曲线段内调整水流，平顺地送至工程的下段；下段的曲率半径应比中段略大，比上段略小，以利于送流出湾。

在工程位置线上布设整治建筑物，主要有坝、垛和护岸。坝、垛的间距及护岸长度，是建筑物布设中的一个重要问题。

坝的间距与坝的数量之间有密切联系。如果坝的间距大了，坝的数量可以减少，但各坝之间起不了相互掩护的作用；如果坝的间距小了，坝的数量相应增多，又造成不必要的浪费。合理的间距须满足下面两个条件：①绕过上一丁坝的水流扩散后，其边界大致达到下一个丁坝的有效长度末端，以保证充分发挥坝的作用；②下一个丁坝的壅水刚好达到上一个丁坝，保证坝间

不发生冲刷。

根据以上条件，从图 5-23 的几何关系可以得出坝的间距 L 应为

$$L = L_1\cos\alpha_1 + L_1\sin\alpha_1\cot(\beta + \alpha_2 - \alpha_1) \tag{5-11}$$

式中：L——坝的间距，m；

$\qquad L_1$——坝的有效长度，m；

$\qquad \alpha_1$——坝的方位角，（°）；

$\qquad \beta$——水流方向与坝轴线的夹角，（°）。

$\qquad B$ 水流扩散角，（°）。

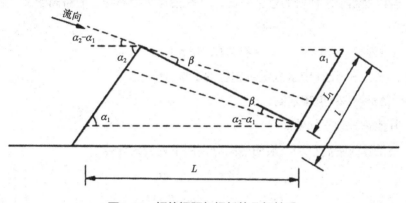

图5-23　坝的间距与坝长的几何关系

坝的有效长度一般为坝长的 2/3，即

$$L_1 = \frac{2}{3}l \tag{5-12}$$

将式（5-12）代入式（5-11），并采用 $\beta = 9.5°$，即

$$L = \frac{2}{3}l\cos\alpha_1 + \frac{2}{3}l\sin\alpha_1\frac{6\cot(\alpha_2 - \alpha_1) - 1}{\cot(\alpha_2 - \alpha_1) + 6} \tag{5-13}$$

从式（5-13）可以看出，影响坝的因素为坝长、坝的方位角和来流方向角度。当坝的方位角和坝长不变时，来流方向角度越陡，间距应越小一些；当坝的方位角和来流方向角度不变时，坝越长，间距亦相应增大；当坝长和来流方向角度不变时，坝的方位角越大，间距也可越大些，但此时 α_2 应小于 90°。

（二）整治建筑物的设计高程

根据河道整治目的来确定整治建筑物的设计高程。若以防洪为整治目的，则整治建筑物的高程略低于防洪堤顶高程

$$Z = H_洪 + a + C \qquad (5-14)$$

式中：Z——整治建筑物设计高程，m；

$H_洪$——设计防洪水位，m；

a——波浪壅高，m；

C——全超高，一般取 $0.5 \sim 1$ m。

若以控制中水河槽为整治目的，则整治建筑物高程一般略高于滩坎或与滩地平

$$Z = H_中 + \Delta h + a + C \qquad (5-15)$$

式中：$H_中$——设计中水流量时相应的水位，m；

Δh——弯道壅水高，m；

其他符号意义同前。

整治建筑物高程和波浪的壅高分别用下列公式计算

$$Z = 3.2Kh_b \tan\alpha \qquad (5-16)$$

$$h_b = 0.208v^{5/4}L^{1/3} \qquad (5-17)$$

式中：K——坡面糙率系数，对于光滑土壤 $K = 1$，干砌块石 $K = 0.8$，抛石 $K = 0.75$；

α——边坡与水平面的夹角，（°）；

h_b——浪高，m；

v——最大风速，m/s；

L——吹程，km。

弯道壅水高的计算公式为

$$\Delta h = \frac{BU^3}{gR} \qquad (5-18)$$

式中：B——河弯的弯道宽度，m；

U——设计流量时流速，m/s；

g——重力加速度，m/s^2；

R——河弯的曲率半径，m。

四、坝、垛的稳定冲刷坑深度

修建坝、垛之后，改变了局部水流条件，在坝、垛的迎水面一侧形成壅水，使坝、垛附近产生折向河床的复杂环流，破坏了原有水流与河床的相对平衡。在坝头附近由于环流的作用，将形成椭圆状的漏斗式冲刷坑。若不能及时填充、加固冲刷坑，将导致建筑物遭受破坏。鉴于上述原因，在设计坝、垛等建筑物时，应正确地估计冲刷坑的稳定深度及宽度。此外，由于坝、垛的根基并非施工阶段即能形成，而是随着水流不断淘刷逐步加固的，因此，估计可能达到的冲刷坑范围，对于确定坝头的防护措施也是十分必要的。

实际资料表明，影响冲刷坑的主要因素有流量、坝长、来流方向与坝轴线的夹角，以及坝头边坡系数。流量越大，流速越大，冲刷越严重，冲刷坑越大；坝长越长，拦截水流越多，进入冲刷坑的流量越大，冲刷坑也越大；来流方向与坝轴线的夹角越陡（指来流方向与坝轴线正交），壅水高度愈大，同样冲刷坑越大；坝头的边坡影响水流折向河底的冲刷力，显然，边坡越陡，向下的冲刷力越大，冲刷坑亦越大。以上是对冲刷坑的定性分析。虽然国内外学者对冲刷深度作了不少研究工作，但目前仍没有比较可靠地确定冲刷深度的计算公式。当河床组成较细时，可采用安德列也夫从能量损失的角度研究得出的计算冲刷坑的公式，即式（5-19）。图5-24为冲刷坑示意图。

$$\Delta h = \frac{2.8U^2}{\sqrt{1+m^2}}\sin^2\alpha \qquad （5-19）$$

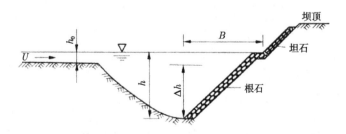

图5-24　根石及冲刷坑深度示意图

则冲刷坑处水深为

$$h = h_0 + \frac{2.8U^2}{\sqrt{1+m^2}}\sin^2\alpha \qquad (5\text{-}20)$$

式中：Δh ——冲刷坑深度，m；

　　　h ——坝头冲刷坑的水深，m；

　　　h_0 ——行近水流的水深，m；

　　　U ——坝头处的行近流速，m/s；

　　　α ——来流方向与坝轴线的交角，(°)；

　　　m ——坝头的边坡系数。

最大冲刷坑深度确定后，坝前护根范围 B 可按式（5-21）计算

$$B = (h_0 + \Delta h)m_0 \qquad (5\text{-}21)$$

式中：m_0——河床土壤水下的边坡稳定系数。

应当说明，一般还应统计相邻河段类似坝的实测资料，作为设计依据。

第六章　水土保持工程

第一节　挡土墙

挡土墙是指支承路基填土或山坡土体、防止填土或土体变形失稳的构造物。在挡土墙横断面中，与被支承土体直接接触的部位称为墙背，与墙背相对的、临空的部位称为墙面，与地基直接接触的部位称为基底，与基底相对的、墙的顶面称为墙顶，基底的前端称为墙趾，基底的后端称为墙踵。

一、挡土墙的类型

（一）按挡土墙的设置位置分类

根据挡土墙的设置位置不同，分为路肩墙、路堤墙、路堑墙和山坡墙等。设置于路堤边坡的挡土墙称为路堤墙；墙顶位于路肩的挡土墙称为路肩墙；设置于路堑边坡的挡土墙称为路堑墙；设置于山坡上，支承山坡上可能坍塌的覆盖层土体或破碎岩层的挡土墙称为山坡墙。

（二）按挡土墙的结构类型分类

1. 常见的挡土墙结构形式

（1）重力式挡土墙。重力式挡土墙如图 6-1（a）所示，靠自身重力平衡土体，一般形式简单、施工方便、工程量大、对基础要求也较高，通常适用于高度不大的情况。

（2）悬臂式挡土墙。悬臂式挡土墙如图 6-1（b）所示，用钢筋混凝土建造，一般由三个悬臂板组成，即立臂、墙趾悬臂和墙踵悬臂，其稳定性靠墙踵悬臂上的土重来维持，优点是结构尺寸小、自重轻、构造简单，适用于墙高为 6～10 m 的情况。

（3）扶臂式挡土墙。扶臂式挡土墙如图 6-1（c）所示，用钢筋混凝土修建，它由直墙、扶臂及底板三部分组成，利用扶臂和直墙共同挡土，并可利用底板上的填土维持稳定，适用于墙高大于 10 m 的坚实或中等坚实的地基上的情况。

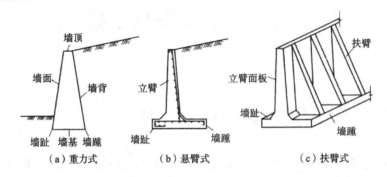

图6-1 常见的挡土墙结构形式

2. 新型挡土结构形式

目前，国内外对各种挡土结构进行研究，成功地运用了多种新型挡土结构，采用这些挡土结构可以节省材料、缩短工期、降低成本。以下对几种其他形式的挡土结构作一简要介绍。

（1）拉锚式挡土墙。拉锚式挡土墙包括锚定板挡土墙和锚杆式挡土墙。

锚定板挡土墙由面板、钢拉杆和埋在土中的锚定板组成，图 6-2 为锚定板挡土墙的两种基本形式。

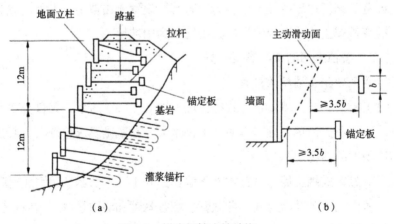

图6-2 锚定板挡土墙结构

锚定板挡土墙所受土压力完全由面板传给拉杆和锚定板。图 6-2（a）所示的锚定板挡土墙的面板为断续式，结构轻便且有柔性；图 6-2（b）是另一种形式的锚定板挡土墙，其面板为上下一体的钢筋混凝土板。锚定板挡土墙的锚定板和拉杆在填土施工中埋入填土内，并将其与面板有效连接使其成为整体，所以锚定板挡土墙主要用于填土中的挡土结构，也常用于基坑围护结构。挡土墙的稳定性完全取决于锚定板的抗拔力。

锚杆式挡土墙由预制的钢筋混凝土立柱及挡土面板构成墙面，与水平或倾斜的钢锚杆共同组成挡土墙。锚杆的一端与立柱连接，另一端被固定在边坡深处的稳定岩层或土层中，墙后土压力由挡土板传给立柱，由锚杆与稳定层间的锚固力（锚杆的抗拔力）使墙壁保持稳定，一般多用于路堑挡土墙。在土方开挖的边坡支护中常用喷锚支护形式，喷锚支护是用钢筋网配合喷混凝土代替锚杆挡土墙的面板，形成喷锚支护挡土结构，工程中也称为土钉墙。

（2）加筋土挡土墙。加筋土挡土墙有刚性筋式和柔性筋式两种，前者用加筋带或刚性大的土工格栅做加筋，后者用土工织物做加筋。

刚性加筋土挡土墙由面板、拉筋条与填土共同组成，如图6-3所示。在垂直墙方向，按一定间隔和高度水平布置拉筋材料，压实后通过土与拉筋的摩擦作用，把作用在面板上的土压力传给拉筋和填土，靠稳定的填土维持挡土结构的稳定。拉筋材料通常为镀锌薄钢带、铝合金、增强塑料及合成纤维等，墙面板多为钢筋混凝土预制板或半圆形铝板。加筋挡土墙属柔性结构，对变形的适应性强、结构简单、经济，适用于高度大的路基。

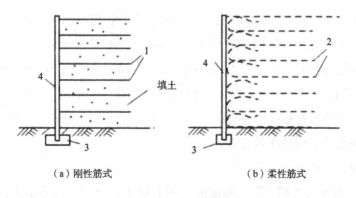

（a）刚性筋式　　　　　　　　　（b）柔性筋式

图6-3　加筋土挡土墙

1-拉筋　2-土工织物　3-基础　4-面板

此外，工程中常用加筋土处理陡坡，其作用相当于挡土结构。图 6-4 所示是加筋土处理陡坡的一种形式。用土工织物做筋材，坡面处将土工织物折回包裹，长度不短于 1 m，当坡面很陡时可利用堆土袋、模架等支持坡面。

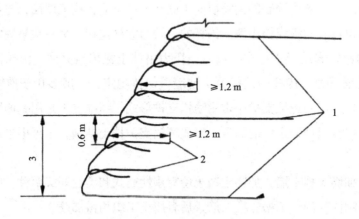

图6-4　加筋土陡坡

（3）其他挡土墙：柱板式挡土墙，在沿河路堤及基坑开挖中常用；桩板式挡土墙，在基坑开挖及抗洪中使用；垛式挡土墙，又称为框架式挡土墙。

二、挡土墙的土压力

（一）土压力类型

实践证明，挡土结构的使用条件不同，其土压力的性质、大小都不同。土压力的大小主要与挡土墙的位移、墙后填土的性质以及挡土墙的刚度等因素有关。根据挡土墙位移方向不同，土体有三种不同状态，即静止状态、主动状态和被动状态。根据挡土结构物位移方向和大小可将土压力分为静止土压力、主动土压力、被动土压力三种类型，如图 6-5 所示。其中，主动土压力和被动土压力都是极限平衡状态时的土压力，分别是土体处于主动极限平衡状态和被动极限平衡状态时的土压力。

1. 静止土压力

当挡土墙保持相对静止状态时，墙后填土处于相对静止状态，此状态下的土压力称为静止压力。静止土压力强度（简称静止土压力）用 P_0 表示，作用在每米长挡土墙上的静止土压力合力用 E_0 表示。

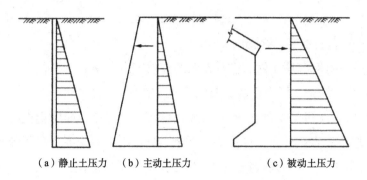

（a）静止土压力　（b）主动土压力　　　　（c）被动土压力

图6-5　土压力与挡土墙位移的关系

2. 主动土压力

当挡土墙由于某种原因引起背离填土方向的位移时，填土处于主动推墙的状态，称为主动状态。随着挡土墙位移增大，作用在挡土墙的土压力逐渐减小，即挡土墙对土体的反作用力逐渐减小。挡土墙对土的支持力小到一定值后，挡土墙后填土就失去稳定而发生滑动。挡土墙后填土即将滑动的临界状态称为填土的主动极限平衡状态，此时作用在挡土墙上的土压力最小，称为主动土压力。主动土压力强度（简称主动土压力）用 P_a 表示，主动土压力合力用 E_a 表示。

3. 被动土压力

当挡土墙在外荷载作用下产生朝填土方向的位移时，挡土墙后的填土就处于被动状态。随着墙内填土方向位移增大，填土所受墙的推力增大，此时土对墙的反作用也增大。当挡土墙对土的作用力增大到一定值后，墙后填土就失去稳定而滑动，墙后填土即将滑动的临界状态称为填土的被动极限平衡状态，此时作用在挡土墙上的土压力称为被动土压力。被动土压力强度（简称被动土压力）用 P_P 表示，被动土压力合力用 E_P 表示。由图 6-5 及三种土压力的概念可知：$E_a < E_0 < E_P$。

（二）土压力的计算

由于挡土墙一般都是条形构筑物，计算土压力时可以取 1 m 长的挡土墙进行分析。

挡土墙受静止土压力作用时，墙后填土处于弹性平衡状态。由于墙体不动，土体无侧向位移，其土体表面下任一深度 z 处的静止土压力强度 P_0 可按弹性力学公式计算侧向应力得到，即

$$P_0 = K_0\sigma_z = K_0\gamma Zz \qquad (6\text{-}1)$$

式中：γ——土的重度，kN/m^3；

σ_z——计算深度 z 处的竖直方向的有效应力，kPa；

K_0——静止土压力系数，与泊松比 μ 有关。

由式（6-1）可知，静止土压力 P_0 与深度 z 成正比，即静止土压力强度在同一土层中呈直线分布，如图6-6所示。静止土压力强度分布图形的面积即合力 E_0 的大小，合力通过土压力图形的形心作用于挡土墙背上。

$$E_0 = \frac{1}{2}\gamma H^2 K_0 \qquad (6\text{-}2)$$

式中：H——挡土墙高度，m。

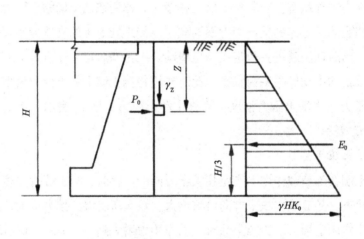

图6-6 静止土压力分布

当填土中有地下水存在时，水下透水层应采用浮重度计算土压力，同时考虑作用在挡土墙上的静止水压力。当填土为成层土和有超载情况时，静止土压力强度可按下式计算

$$P_0 = K_0\sigma_z = K_0\left(\sum\gamma_i h_i + q\right) \qquad (6\text{-}3)$$

式中：q——填土表面的均布荷载，kPa；

γ_i、h_i——第 i 层土的有效重度和厚度。

对于主动土压力和被动土压力的计算，目前多以朗肯土压力理论和库仑土压力理论两个古典土压力理论为依据，详细计算可以参阅《土力学》。

（三）影响土压力的因素

1.墙背的影响

挡土墙墙背的形状、粗糙程度等因素对土压力有一定的影响。墙背粗糙程度是通过外摩擦角 δ 来反映的。δ 越大，主动土压力越小，而被动土压力越大。δ 值最好由试验确定，但在实际工程中多根据经验选用 δ 值，因此造成土压力计算值与实际值有出入。

墙背的形状和倾斜程度对土压力也有很大影响。若挡土墙墙背较平缓，其倾角 ε 大于某一临界值 ε_{cr}，则土楔体可能不再沿墙背滑动，而产生第二滑动面，此种挡土墙称为坦墙，如图 6-7（a）所示。此时土压力 E 将作用在第二滑动面上，其摩擦角应是 φ 而不是 δ。土体 ABA' 与墙形成整体，可视为挡土墙的一部分，因此，作用在墙上的土压力应该是土体 ABA' 自重与力 E 的合力。通常当挡土墙与墙踵边线的倾角 ε 为 20° ～ 25° 时，即应考虑有无可能产生第二滑动面，如图 6-7（b）所示。

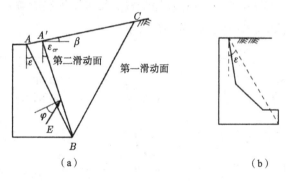

图6-7　产生第二滑动面的坦墙

2.填土条件的影响

库仑土压力理论适用于墙后填土为水平或倾斜的平面，非平面的其他情况可以采用库尔曼图解法求解。填土的物理、力学性质指标对土压力也有较大影响。例如重度 γ 的增大常引起土压力的增大，因此，工程中可以通过减小 γ 来减小土压力；φ 越大的土对挡土墙的主动土压力越小，因此，主动土压力可以通过选用 φ 大的材料来达到目的。工程中正确确定有关指标很重要，但有效地控制各种指标更重要。例如选择合适的填料，加强土体排水都是减小土压力的有效措施。

（四）减小主动土压力的措施

减小主动土压力就可以减小墙身的设计断面，从而减少工程造价。工程中常采用以下措施来减小主动土压力，而具体采取哪种措施要结合工程实际情况进行选择。

1. 选择合适的填料

工程中在条件允许时，可以选择内摩擦角大的土料，如粗砂、砾、块石等，可以显著降低主动土压力；有时也可选择轻质填料，如炉渣、矿渣等，这些填料的内摩擦角不会因浸水而降低很多，同时也利于排水。

对于黏性土，其黏聚力会因浸水而降低，所以黏性土的黏性极不稳定，因此，在计算土压力时常不考虑其拉应力。但如果有措施能保证填土符合规定要求，也可以计入黏聚力的影响。

2. 改变墙体结构和墙背形状

改变墙背的几何形状可以达到减小主动土压力的目的，如采用中间凸出的折线形墙背，或在墙背上设置减压平台，也可以采用悬臂式的钢筋混凝土结构以增强墙体的稳定性，如图6-8所示。

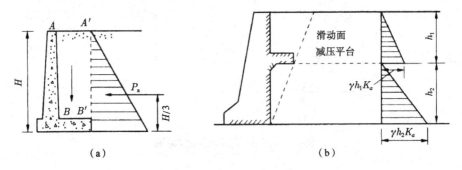

（a）　　　　　　　　　（b）

图6-8　减小主动土压力

当地基强度不高而挡土墙高度较大时，也常采用空箱式挡土墙，如土基上的桥台、水闸边墩外侧挡土墙等常采用空箱式挡土结构。

3. 减小地面堆载

由于填土表面荷载的作用常会增大作用在挡土墙上的土压力，所以减小地面荷载，将不必要的堆载远离挡土墙，可使土压力减小，增强挡土墙的稳定性。因此，工程中对挡土墙上部的土坡进行削坡，做成台阶状利于边坡的稳定；施工中将基坑弃土、施工用材料以及设备等临时荷载远离基坑堆放，以便减小作用于基坑支护结构上的土压力，也利于基坑边坡的稳定。

此外，由于挡土墙后有地下水时，会增加外荷载，降低挡土墙的稳定性，所以工程中常在挡土墙上设置排水孔、挡土墙后设置排水盲沟来加强排水，减小地下水对挡土墙的影响，以增强挡土墙的稳定性，如图6-9所示。

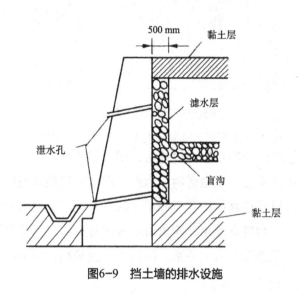

图6-9 挡土墙的排水设施

第二节 淤地坝

淤地坝是指在水土流失地区各级沟道中，以拦泥淤地为目的而修建的坝工建筑物，其拦泥淤成的地叫坝地。在流域沟道中，用于淤地生产的坝叫淤地坝或生产坝。

一、淤地坝的组成、分类与作用

（一）淤地坝的组成

淤地坝由坝体、溢洪道、放水建筑物三个部分组成，其布置形式如图6-10所示。

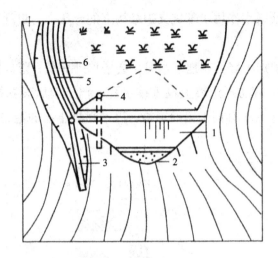

图6-10　淤地坝示意图

1-坝体　2-排水体　3-溢洪道　4-竖井　5-排洪渠　6-防洪堤

坝体是横拦沟道的挡水拦泥建筑物，用以拦蓄洪水，淤积泥沙，抬高淤积面。溢洪道是排泄洪水建筑物，当淤地坝洪水位超过设计高度时，就由溢洪道排出，以保证坝体的安全和坝地的正常生产。放水建筑物多采用竖井式和卧管式，沟道常流水，库内清水等通过放水设备排泄到下游。反滤排水设备是为了排除坝内地下水，防止坝地盐碱化，增强坝坡稳定性而设置的。

（二）淤地坝的分类

淤地坝按筑坝材料分为土坝、石坝、土石混合坝、堆石坝、干砌石坝、浆砌石坝等；按坝地用途分为缓峰骨干坝、拦泥生产坝等；按施工方法分为夯碾坝、水力冲填坝、定向爆破坝等。

（三）淤地坝的作用

淤地坝在拦截泥沙、蓄洪滞洪、减蚀固沟、增地增收、促进农村生产条件和生态环境改善等方面创造了显著的生态效益、社会效益和经济效益。它的作用可归纳为以下五个方面：

（1）拦泥保土，减少入黄泥沙。

（2）淤地造田，提高粮食产量。

（3）防洪减灾，保护下游安全。

（4）合理利用水资源，解决人畜饮水问题。

（5）优化土地利用结构，促进退耕还林还草和农村经济发展。

二、淤地坝的坝址选择

坝址的选择在很大程度上取决于地形和地质条件，但是如果单纯从地质条件好坏的观点出发去选择坝址是不够全面的。选择坝址必须结合工程枢纽布置、坝系整体规划、淹没情况和经济条件等综合考虑。一个好的坝址必须满足拦洪或淤地效益大、工程量小和工程安全三个基本要求。在选定坝址时，要提出坝型建议。坝址选择一般应考虑以下七点：

（1）坝址在地形上要求河谷狭窄，坝轴线短，库区宽阔容量大，沟底比较平缓。

（2）坝址附近应有宜于开挖溢洪道的地形和地质条件。最好有鞍形岩石山凹或红黏土山坡，还应注意到大坝分期加高时，放、泄水建筑物的布设位置。

（3）由于建筑材料的种类、储量、质量和分布情况影响坝的类型和造价，因此坝址附近应有良好的筑坝材料（土、沙、石料），取用容易，施工方便。

（4）坝址地质构造稳定，两岸无疏松的坍土、滑坡体，断面完整，岸坡不大于60°。坝基应有较好的均匀性，其压缩性不宜过强。岩层要避开活断层和较大裂隙，尤其要避开有可能造成坝基滑动的软弱层。

（5）坝址应避开沟岔、弯道、泉眼，遇有跌水应选在跌水上方。坝扇不能有冲沟，以免洪水冲刷坝身。

（6）库区淹没损失要小，应尽量避免村庄、大片耕地、交通要道和矿井等被淹没。

（7）坝址还必须结合坝系规划统一考虑。有时单从坝址本身考虑比较优越，但从整体衔接、梯级开发上看不一定有利，这种情况需要注意。

三、设计资料收集

进行工程规划设计时，一般需要收集和实测如下资料。

（一）地形资料

地形资料包括流域位置、面积、水系、所属行政区、地形特点。

（1）坝系平面布置图。在 1：10 000 的地形图上标出。

（2）库区地形图。一般采用 1：5 000 或 1：2 000 的地形图。等高线间距为 2～5 m，测至淹没范围 10 m 以上。它可以用来计算淤地面积、库容和淹没范围，绘制高程与地面积曲线和高程与库容曲线。

（3）坝址地形图。一般采取 1：1 000 或 1：500 的实测现状地形图，等高线间距为 0.5～1 m，测至坝顶以上 10 m。用此图规划坝体、溢洪道和泄水洞，估算大坝工程量，安排施工期土石场、施工导流、交通运输等。

（4）溢洪道、泄水洞等建筑物所在位置的纵横断面图。横断面图用 1：100～1：200 比例尺，纵断面图可用不同比例尺。这两种图可用来设计建筑物，估算挖填土石方量。

（二）流域、库区和坝址地质及水文地质资料

（1）区域或流域地质平面图。

（2）坝址地质断面图。

（3）坝址地质结构、河床覆盖层厚度及物质组成、有无形成地下水库条件等。

（4）沟道地下水、泉逸出地段及其分布状况。

（三）流域内河、沟水化学测验分析资料

流域内河、沟水化学测验分析资料包括总离子含量、矿化度、总硬度、总碱度及 pH 在区域内的变化规律，为预防坝地盐碱化提供资料。

（四）水文气象资料

水文气象资料包括暴雨、洪水、径流、泥沙情况，气温变化和冻结深度等。

（五）天然建筑材料的调查

天然建筑材料的调查包括土、沙、石、砂砾料的分布、结构性质和储量等。

（六）社会经济调查资料

社会经济调查资料包括流域内人口、经济发展现状、土地利用现状、水土流失治理情况。

（七）其他条件

其他条件包括交通运输、电力、施工机械、居民点、淹没损失、当地建筑材料的单价等。

四、淤地坝坝高的确定

淤地坝除拦泥淤地外，还有防洪的要求。所以，淤地坝的库容由两部分组成：一部分为拦泥库容，另一部分为滞洪库容。而与这两部分库容对应的坝高，即为拦泥坝高和滞洪坝高。

另外，为了保证淤地坝工程和坝地生产的安全，还需增加一部分坝高，称为安全超高。

因此，淤地坝的总坝高等于拦泥坝高、滞洪坝高及安全超高之和如图6-11所示。

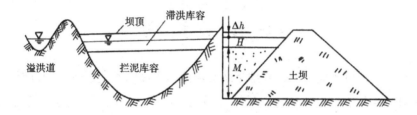

图6-11　淤地坝坝高与库容关系示意图

（一）拦泥坝高的确定

设计时，首先分析该坝的坝高—淤地面积—库容关系曲线，初步选定经济合理的拦泥坝高，由其关系曲线中查得相应坝高的拦泥库容。其次将初拟坝高加上滞洪坝高和安全超高的初估值，作为全坝高来估算其坝体的工程量。根据施工方法、工期和社会经济情况等，判断实现初选拦泥坝高的可能性。最后由该坝所控流域内的年平均输沙量求得淤平年限。

（二）滞洪坝高的确定

为了保证淤地坝工程安全和坝地正常生产，必须修建防洪建筑物（如溢洪道）。由于防洪建筑物不可能修得很大，也不可能来多少洪水就排泄多少洪水，这在经济上是极不合理的。所以，在淤地坝中除有拦泥（淤地）库容外，必须有一个滞洪库容，用以滞蓄由防洪建筑物暂时排泄不走的洪水，为此，需进行调洪演算。调洪演算的任务是根据设计洪水的大小，确定防洪建筑物的规模和尺寸，确定滞洪库容和相应的滞洪坝高。

（三）安全超高的确定

淤地坝的安全超高主要取决于坝高的大小，根据各地经验可采用表 6-1 中的数值。

表6-1　淤地坝安全超高

单位：m

坝高	< 10	10～20	> 20
安全超高	0.5～1	1～1.5	1.5～2

淤地坝的大坝设计、溢洪道设计、放水建筑物设计可参照前面讲的坝工建筑物相关内容进行设计。

第三节　排水工程

排水工程可减免地表水和地下水对坡体稳定性的不利影响，一方面能提高现有条件下坡体的稳定性，另一方面允许坡度增加而不降低坡体稳定性。排水工程包括排除地表水工程和排除地下水工程。

一、排除地表水工程

排除地表水工程的作用，一是拦截病害斜坡以外的地表水，二是防止病害斜坡内的地表水大量渗入，并尽快汇集排走。它包括防渗工程和水沟工程。

防渗工程包括整平夯实和铺盖阻水，可以防止雨水、泉水和池水的渗透。当斜坡上有松散易渗水的土体分布时，应填平坑洼和裂缝并整平夯实。铺盖阻水是一种大面积防止地表水渗入坡体的措施，铺盖材料有黏土、混凝土和水泥砂浆；黏土一般用于较缓的坡。坡上的坑凹、陡坎、深沟可堆渣填平，若黏土丰富，最好用黏土填平，使坡面平整，以便夯实铺盖。铺土要均匀，厚度为 1～5 m，一般为水头的 1/10。有破碎岩体裸露的斜坡，可用水泥砂浆勾缝抹面。水上斜坡铺盖后，可栽植植物以防水流冲刷。坡体排水地段不能铺盖，以免阻挡地下水外流形成渗透水压力。

水沟工程包括截水沟和排水沟如图 6-12 所示。截水沟布置在病害斜坡范围外，拦截旁引地表径流，防止地表水向病害斜坡汇集。

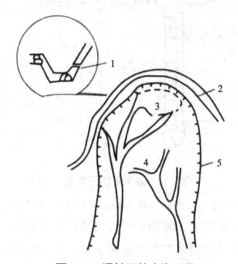

图6-12　滑坡区的水沟工程

1—排水孔　2—截水沟　3—湿地　4—泉　5—滑坡周界

排水沟布置在病害斜坡上，一般呈树枝状，充分利用自然沟谷。在斜坡的湿地和泉水出露处，可设置明沟或渗沟等引水工程将水排走。当坡面较平整或治理标准较高时，需要开挖集水沟和排水沟，构成排水沟系统。集水沟横贯斜坡，可汇集地表水，排水沟比降较大，可将汇集的地表水迅速排出病害斜坡。水沟工程可采用砌石、沥青铺面、半圆形钢筋混凝土槽、半圆形波纹管等形式，有时采用不铺砌的沟渠，其渗透性和冲刷力较强、效果差些。

二、排除地下水工程

排除地下水工程的作用是排除和截断渗透水。它包括渗沟、明暗沟、排水孔、排水洞、截水墙等。

渗沟的作用是排除土壤水和支撑局部土体，如可在滑坡体前缘布设渗沟。有泉眼的斜坡上，渗沟应布置在泉眼附近和潮湿的地方。渗沟深度一般大于 2 m，以便充分疏干土壤水。沟底应置于潮湿带以下较稳定的土层内，并应铺砌防渗。渗沟上方应修挡水埝，防止坡面上方水流流入，表面成拱形，以排走坡面流水如图 6-13 所示。

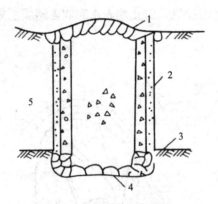

图6-13　渗沟结构示意图

1-干砌片石表面砂浆勾缝　2-反滤面　3-较干燥稳定土层上界线　4-浆砌石　5-不稳定土层

排除浅层（约 3 m 以上）的地下水可用暗沟和明暗沟。暗沟分为集水暗沟和排水暗沟。集水暗沟用来汇集浅层地下水，排水暗沟连接集水暗沟，把汇集的地下水作为地表水排走。暗沟结构如图 6-14 所示，其底部布设有孔的钢筋混凝土管、波纹管、透水混凝土管或石笼，底部可铺设不透水的杉皮、聚乙烯布或沥青板，侧面和上部设置树枝及砂砾组成的过滤层，以防淤塞。

明暗沟即在暗沟上同时修明沟，可以排除滑坡区的浅层地下水和地表水。

（a）暗沟　　　　　　（b）树枝包捆暗沟　　　　　（c）石笼暗沟

图6-14　暗沟横截面图

1—回填土　2—树枝　3—砂砾　4—卵石、块石　5—泄水孔　6—桩

排水孔是利用钻孔排除地下水或降低地下水水位。排水孔又分垂直孔、仰斜孔和放射孔。

垂直孔排水是钻孔穿透含水层，将地下水转移到下面的强透水岩层，从而降低地下水水位。如图 6-15 所示，是钻孔穿透滑坡体及其下面的隔水层，将地下水排至下面强透水层。

仰斜孔排水是用接近水平的钻孔把地下水引出，从而疏干斜坡如图 6-16 所示。仰斜孔施工方便、节省劳力和材料、见效快，当含水层透水性强时效果尤为明显。根据含水类型、地下水埋藏状态和分布情况等布置钻孔，钻孔要穿透主要裂隙组，从而汇集较多的裂隙水。钻孔的仰斜角为 10°～15°，根据地下水水位确定。若钻孔在松散层中有塌壁堵塞可能，应用镀锌钢滤管、塑料滤管或加固保护孔壁。对含水层透水性差的土质斜坡（如黄土斜坡），可采用沙井和仰斜孔联合排水如图 6-17 所示，即用沙井聚集含水层的地下水，仰斜孔穿连沙井底部将水排除。

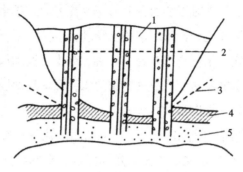

图6-15　滑坡区垂直孔排水

1-滑坡体　2-原地下水水位　3-现地下水水位　4-隔水层　5-强隔水层

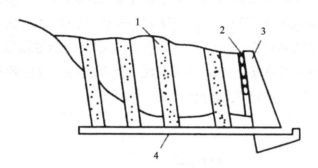

图6-16　仰斜孔排水

1-沙井　2-砂砾滤层　3-挡墙　4-仰斜排水孔

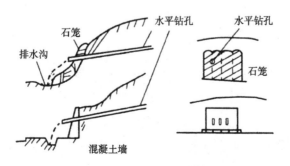

图6-17　沙井和仰斜孔联合排水

放射孔排水即排水孔呈放射状布置，它是排水洞的辅助措施。

排水洞的作用是拦截和疏导深层地下水。排水洞分为截水隧洞和排水隧洞。截水隧洞修筑在病害斜坡外围，用来拦截旁引补给水；排水隧洞布置在病害斜坡内，用于排泄地下水。滑坡的截水隧洞洞底应低于隔水排水层顶板，或在坡后部滑动面之下，开挖顶线必须切穿含水层，其衬砌拱顶又必须低于滑动面，截水隧洞的轴线应大致垂直于水流方向。排水隧洞洞底应布置在含水层以下，在混凝土墙滑坡区应位于滑动面以下，平行于滑动方向布置在滑坡前部，根据实际情况选择渗井、渗管、分支隧洞和仰斜排水孔等措施进行配合使用。排水隧洞边墙及拱圈应留泄水孔和填反滤层。

如果地下水沿含水层向滑坡区大量流入，可在滑坡区外布设截水墙，将地下水截断，再用仰斜孔排出，如图 6-18 所示。注意不要将截水墙修筑在滑坡体上，因为可能诱导发生滑坡。修筑截水墙有两种方法：一是开挖到含水层后修筑墙体，二是灌注法。含水层较浅时用第一种方法，当含水层在 2～3 m 以下时采用灌注法较经济。灌注材料有水泥浆和化学药液，当含水层大孔隙多且流量、流速小时，用水泥浆较经济，但因黏性大，凝固时间长，压入小孔隙需要较大的压力，而灌注速度大时则可能在凝固前流失，因此，有时与化学药液混合使用。化学药液可以单独使用，其胶凝时间从几秒到几小时，可以自由调节，黏性也小。

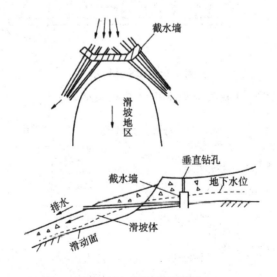

图6-18 截水墙布置图

第四节　护岸治滩造田工程

各种类型的河段，在自然情况或人工控制的条件下，由于水流与河床的相互作用，常导致河岸崩塌而改变河势，危及农田及城镇村庄的安全，破坏水利工程的正常运用，对国民经济产生不利影响。修筑护岸与治河工程的目的，就是抵抗水流冲刷，变水害为水利，为农业生产服务。

一、护岸工程

（一）护岸工程的目的及种类

防治山洪的护岸工程与一般平原、河流的护岸工程不完全相同，主要区别在于横向侵蚀使沟岸崩坏后，由于山区较陡，还可能因下部沟岸崩坍而引起山崩，因此，护岸工程还必须起到防止山崩的作用。

1. 护岸工程的目的

沟道中设置护岸工程，主要用于下列情况：

（1）由于山洪、泥石流冲击使山脚遭受冲刷而有山坡崩坍危险的地方。

（2）在有滑坡的山脚下，设置护岸工程兼起挡土墙的作用，以防止滑坡及横向侵蚀。

（3）用于保护谷坊、拦沙坝等建筑物。谷坊或淤地坝淤沙后，多沉积于沟道中部，山洪遇堆积物常向两侧冲刷，如果两岸岩石或土质不佳，就需设置护岸工程，以防止冲塌沟岸而导致谷坊或拦沙坝失事。在沟道窄而溢洪道宽的情况下，如果过坝的山洪流向改变，可能危及沟岸，这时也需修建护岸工程。

（4）沟道纵坡陡急、两岸土质不佳的地段，除修建谷坊防止下切外，还应修护岸工程。

2. 护岸工程的种类

护岸工程一般可分为护坡与护基（或护脚）两种工程。枯水位以下称为护基工程，枯水位以上称为护坡工程。根据其所用材料不同，又可分为干砌片石、浆砌片石、混凝土板、铁丝石笼、木桩排、木框架与生物护岸等。此外，还有混合型护岸工程，如木桩植树加抛石护岸工程、抛石植树加梢捆护岸工程等。

为了防止护岸工程被破坏，除应注意工程本身质量外，还应防止因基础被冲刷而遭受破坏。因此，在坡度陡急的山洪沟道中修建护岸工程时，常需同时修建护基工程；如果下游沟道坡度较缓，一般不修护基工程，但护岸工程的基础需有足够的埋深。

护基工程有多种形式，最简单的一种是抛石护基，即用比施工地点附近的石块更大的石块铺到护岸工程的基部进行护底，如图 6-19（a）所示。其石块间的位置可以移动，但不能暴露沟底，以使基础免受洪水冲刷淘深，且较耐用，并有一定挠曲性，是较常用的方法。在缺乏大石块的地区，可采用梢捆护基，如图 6-19（b）所示。

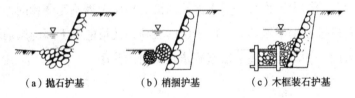

（a）抛石护基　　　　（b）梢捆护基　　　　（c）木框装石护基

图6-19　护基工程示意图

（二）护岸工程的设计原则

（1）在进行护岸工程设计之前，应对上下游沟道情况进行调查研究，分析在修建护岸工程之后，下游或对岸是否会发生新的冲刷，确保沟道安全。

（2）为避免水流冲毁基础，护岸工程应大致按地形设置，并力求形状没有急剧的弯曲。此外，还应注意将护岸工程的上游及下游部分与基岩、护基工程及已有的护岸工程连接，以免在护岸工程的上下游发生冲刷。

（3）护岸工程的设计高度，一方面要保证山洪不致漫过护岸工程，另一方面应考虑护岸工程的背后有无崩塌的可能。若有崩塌的可能，则应预留出堆积崩塌沙石的余地，即使护岸工程距崩塌处一定的距离并有足够的高度，如不能满足高度的要求，可沿岸坡修建向上成斜坡的横墙，以防止背后侵蚀及坡面崩塌。

（4）弯道段的凹岸水位较凸岸水位高，因此，凹岸护岸工程的高度应更高一些，凹岸水位比凸岸水位高出的数值（ΔH）可近似地按下式计算

$$\Delta H = \frac{v^2 B}{gR} \tag{6-4}$$

式中：ΔH——凹岸水位高于凸岸水位的数值，可作为超高计算，m；

　　　v——水流流速，m/s；

　　　B——沟道宽度，m；

　　　R——弯道曲率半径，m；

　　　g——重力加速度，m/s²。

（三）护脚（基）工程

护脚工程的特点是常潜没于水中，时刻受到水流的冲击和侵蚀作用。因此，在建筑材料和结构上要求具有抵御水流冲击和推移质磨损的能力；富有弹性，易于恢复和补充，以适应河床变形；耐水流侵蚀的性能好，以及便于水下施工等。

常用的护脚工程有抛石、沉枕、石笼等。

1. 抛石护脚工程

设计抛石护脚工程应考虑块石规格、稳定坡度、抛护范围和厚度等方面的问题。

护脚块石要求采用石质坚硬的石灰岩、花岗岩等，不得采用风化易碎的岩石。块石尺寸以能抵抗水流冲击、不被冲走为原则，可根据护岸地点洪水期的流速、水深等实测资料，用一般起动流速进行略估，块石直径一般取 20～40 cm，并可掺和一定数量的小块石，以填充大块石之间的缝隙。

抛石护脚的稳定坡度，除应保证块石体本身的稳定外，还应保证块石体平衡土坡的滑动力。因此，必须结合块石体的临界休止角和沟岸土质在饱和情况下的稳定边坡来考虑。块石体在水中的临界休止角可定为 1：1.4～1：1.5，沟岸土质在饱和情况下的稳定边坡可参考实测资料确定，对于沙质沟床约为 1：2。抛石护脚工程的设计边坡应缓于临界休止角，等于或略陡于饱和情况下的稳定边坡，一般情况下，应不陡于 1：1.5～1：1.8（水流顶冲越严重，越应取较大比值）。

抛石厚度与工程的效果和造价关系极为密切。目前，一般规定厚度为 0.4～0.8 m，相当于块石粒径的 2 倍，如图 6-20 所示。在接坡段紧接枯水位处，为稳定边坡，加抛顶宽为 2～3 m 的平台。如沟坡陡峻（局部坡度陡于 1：1.5，重点险段坡度陡于 1：1.8），则需加大抛石厚度。

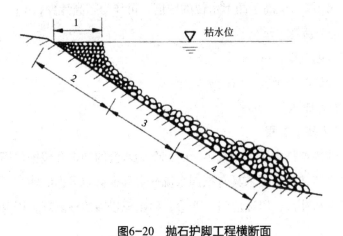

图6-20　抛石护脚工程横断面

1-平台　2-接坡段　3-掩护段　4-近岸护底段

2.石笼护脚工程

石笼护脚多用于流速大、边坡陡的地区。石笼是用铅丝、铁丝、荆条等材料做成各种网格的笼状物体，内填块石、砾石或卵石。其优点是具有较好的强度和柔性，不需较大的石料，在高含沙山洪的作用下，石笼中的空隙将很快被泥沙淤满而形成坚固的整体护层，增强了抗冲能力。其缺点是笼网日久会锈蚀，导致石笼解体（一般使用年限：镀锌铁丝笼为8～12年，普通铁丝为3～5年）。另外，在沟道有滚石的地段，一般不宜采用。

笼的网格大小以不漏失填充的石料为限度，一般做成箱形或圆柱形，铺设厚度为0.4～0.5 m，其他设计与抛石护脚工程相同。图6-21为各种石笼结构图。

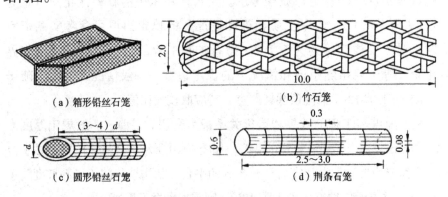

（a）箱形铅丝石笼　　　　　（b）竹石笼

（c）圆形铅丝石笼　　　　　（d）荆条石笼

图6-21　石笼结构图

3. 护坡工程

护坡工程又称护坡堤，可采用砌石结构，也可采用生物护坡。砌石护岸堤可分为单层干砌块石、双层干砌块石和浆砌石三种。对于山洪流向比较平顺、不受主流冲刷的防护地点，当流速为 2～3 m/s 时，可采用单层干砌块石；当流速为 3～4 m/s 时，可采用双层干砌块石。在受到主流冲刷、山洪流速大（≥4 m/s）、挟带物多、冲击力猛的防护地点，则采用浆砌石。

（四）护岸堤修筑时，需注意的问题

（1）基础要挖深，慎重处理，防止掏空。一般情况下，当冲刷深度在 4 m 以内时，可将基础直接埋在冲刷深度以下 0.5～1 m 处，并且基础底面要低于沟床最深点以下 1 m 左右。

（2）沟岸必须事先平整，达到规定坡度后再进行砌石。

（3）护岸片石必须全部丁砌，并垂直于坡面。

片石下面要设置适当厚度的垫层，随岸坡土质不同，垫层一般采用砂砾卵石或粗中砂卵石混合垫层组成，若岩坡土质与垫层材料类似，则可设置垫层。

二、治滩造田工程

治滩造田就是通过工程措施，将河床缩窄、改道、裁弯取直，在治好的河滩上，用引洪放淤的办法，淤垫出能耕种的土地，以防止河道冲刷，变滩地为良田。

治滩造田是小流域综合治理的一个组成部分，而流域治理的好坏又直接影响治滩造田工程的标准和效益，因此，治滩造田工程不能脱离流域治理规划单独进行。

（一）治滩造田的类型

治滩造田的类型主要有束河造田、改河造田、裁弯造田、堵叉造田、箍洞造田。

1. 束河造田

在宽阔的河滩上，修建顺河堤等治河工程束窄河床，将腾出来的河滩改造成耕地，如图 6-22 所示。

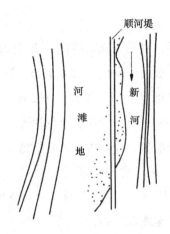

图6-22 束河造田示意图

2.改河造田

在条件适宜的地方开挖新河道，将原河改道，在老河床上造田，如图6-23所示。

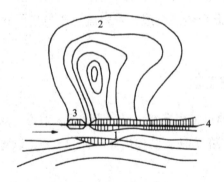

图6-23 改河造田示意图

3.裁弯造田

过分弯曲的河道往往形成河环，在河环狭窄处开挖新河道，将河道裁弯取直，在老河湾造田，如图6-24所示。

4.堵叉造田

在河道分叉处，选留一叉，堵塞某条支叉，并将其改造为农田，如图6-25所示。

5.箍洞造田

在小流域的支沟内顺着河道方向砌筑涵洞，宣泄地面来水，在涵洞上填土造田，如图6-26所示。

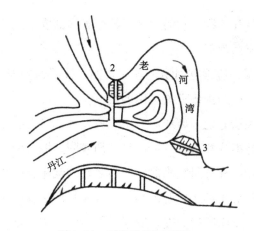

图6-24　裁弯造田示意图

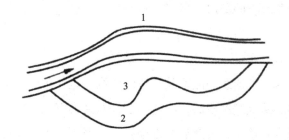

图6-25　堵叉造田示意图

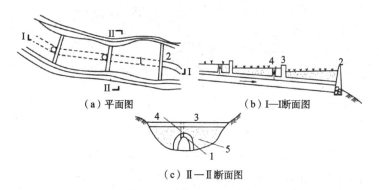

（a）平面图　　　　　　　（b）I—I断面图

（c）Ⅱ—Ⅱ断面图

图6-26　箍洞造田示意图

1—造地涵洞　2—闸沟场　3—地边增　4—天窗　5—回填土

（二）整治线的规划

整治线（又称治导线）是指河道经过整治以后，在设计流量下的平面轮廓，它是布置整治建筑物的重要依据。因此，整治线规划设计得是否合理，往往决定了工程量和工程效益的大小，甚至工程的成败。

1. **整治线的布置原则**

整治线的布置，应根据河道治理的目的，按照因势利导的原则来确定，应能很好地满足国民经济各有关部门的要求。

（1）多造地和造好地。新河应力求不占耕地或少占耕地，造出的地耕种条件应较好，最好能成片相连，以做到"河靠阴，地向阳"。

（2）因势利导。充分研究水流、泥沙运动的规律及河床演变的趋势，顺其势、尽其利，应尽量利用已有的整治工程和长期比较稳定的深槽及较耐冲的河岸，力求上、下游呼应，左、右岸兼顾，洪、中、枯水统一考虑。整治线的上下游应与具有控制作用的河段相衔接。

（3）应照顾原有的渠口、桥梁等建筑物，不要危及村镇厂矿、公路等的安全。

2. **整治线的形式**

（1）蜿蜒式。整治线一般都是圆滑的曲线。这种曲线的特点是曲率半径是逐渐变化的。从上过渡段起，曲率半径开始为无穷大，由此往下，逐渐变小，在弯曲顶点处最小，过此后又逐渐增大，至下过渡段又达到无穷大，如图 6-27 所示，在曲线与曲线之间连以适当长度的直线。

（a）整治线曲线特性 （b）蜿蜒式整治线

图6-27 整治线示意图

1—顺河石堤 2—格堤 3—新造河滩地 4—原耕地 5—大支沟

这种曲线形式的整治线，比较符合河流的水流结构特点与河床演变规律，不仅水流平顺、滩槽分明，且较稳定。但河道占地面积大，造出的新田不能连成大片，不利于机械化。它一般适用于流域面积大，河谷宽阔，中、枯水历时较长的河流。

（2）直线式。这种整治线基本上把新河槽设计成直线，根据河势和地形，自上游到下游分段取直，如图 6-28 所示。

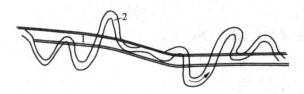

图6-28　直线式整治线示意图

1—新河道　2—老河道

直线式整治线可缩短河长，增加造地面积，使耕地连片，且新河槽中洪水流动顺畅，阻力小，减小对凹岸的横向冲刷，但河长的缩短，增大了河床比降，势必增强流水对河床的冲刷作用。因此，不仅要求在两岸修建导流堤，而且要求对治河建筑物进行防护或将老河全部填平，沿山脚另开河，在老河上造地。

（3）绕山转式。这种整治线是将新河槽挤向山脚一侧，河道环绕山脚走向流动，或将老河全部填平，沿山脚另开新河，在老河上造地，如图6-29所示。

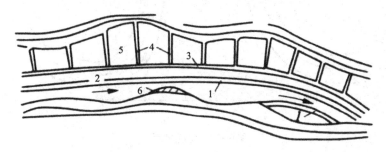

图6-29　绕山转式整治线示意图

1—顺河堤　2—公路　3—渠道　4—格坝　5—新造滩地　6—除山嘴

绕山转式整治线占地少，有利于土地连片。但对原来的水流运动规律改变较大，整治线难以防护，此外，山脚处一般地势较高，可能使新河槽床面较高，河床难以冲深，加之山脚一带山嘴、石崖较多，造成河槽宽窄不一，水流紊乱。因此，为达到新河槽的设计断面，必须平顺水流，挖深河床，在凹段还要修建顺河堤工程，实施困难，一般适用于小河流。

3.整治线的曲率半径

整治线的曲率半径和宽度，应根据河流的水文、地理及地质条件来确定。在缺乏资料时，曲率半径可按下式确定：

$$R = KB \qquad\qquad (6\text{-}5)$$

式中：R ——曲率半径如图6-30所示；

K ——系数，一般可取 $4 \sim 9$；

B ——直线段河宽。

整治线两反面之间的直线段长度 l 应适当。l 过短，则在过渡段的某些断面上产生反向环流，造成交错浅滩；l 过长，则可能加重过渡段的淤积。一般按下式确定：

$$l = （1 \sim 3）B \qquad\qquad (6\text{-}6)$$

整治线两同向弯顶之间的距离 L，可参照下式确定：

$$l = （12 \sim 14）B \qquad\qquad (6\text{-}7)$$

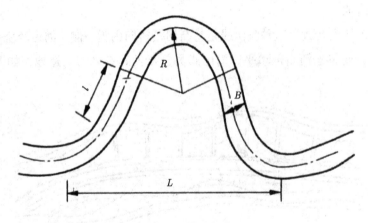

图6-30 弯道水流

（三）新河槽断面设计

新河槽的断面设计主要指确定新河槽的水深及整治线的宽度。

当某河段在一定防洪标准下的最大洪峰流量 Q_{mp} 已知时，可用均匀流流量公式进行计算，即：

$$Q_{mp} = AC\sqrt{Ri}$$
$$C = \frac{1}{n} R^{1/6} \qquad\qquad (6\text{-}8)$$

当河道为宽浅式断面时，可用下式计算：

$$Q_{mp} = \frac{1}{n} BH^{5/3} i^{1/2} \qquad\qquad (6\text{-}9)$$

式中：B——水面宽度，m；

　　　H——过水断面平均水深，m；

　　　n——河床糙率；

　　　i——河床比降。

H 与 B 可用试算法求得。

有些地方将河槽设计成复式断面如图 6-31 所示，这种断面由于两边滩地与主槽的水深、糙率和流速均不相同，所以计算时应将断面分为 A_1、A_2、A_3 三部分进行，这三部分面积之和应与原过水断面面积相等，滩、槽坡降可取相同值，然后根据式（6-10）～式（6-13）进行计算：

$$Q_0 = Q_1 + Q_2 + Q_3 \qquad (6\text{-}10)$$

$$Q_1 = \frac{1}{n_1} B_1 H_1^{5/3} i^{1/2} \qquad (6\text{-}11)$$

$$Q_2 = \frac{1}{n_2} B_2 H_2^{5/3} i^{1/2} \qquad (6\text{-}12)$$

$$Q_3 = \frac{1}{n_3} B_3 H_3^{5/3} i^{1/2} \qquad (6\text{-}13)$$

式中：Q_0——设计洪峰流量，m³/s；

　　　Q_1、Q_2、Q_3——通过主槽 A_1 及左、右两滩地 A_2、A_3 的流量，m³/s；

　　　n_1、n_2、n_3——河床主槽及左、右两滩地的糙率系数；

　　　B_1、B_2、B_3 及 H_1、H_2、H_3——河床主槽及左、右滩地的宽度及平均

　　　　　　　　　　　　　　　　　　　　水深，B、H 的计算仍用试算法。

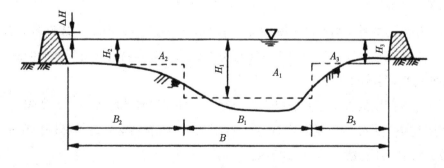

图6-31 复式断面设计图

应该指出的是，河道是水流与河床长期相互作用的产物，在一定的边界

条件下，在一定的来沙来水的作用下，就会塑造出一定形态的河床。根据这个道理，通过大量调查分析发现，河床形态因素（如河宽、水深、曲率半径等）之间，或这些因素与水力、泥沙因素（如流量、比降、泥沙粒径等）之间具有某种关系，这种关系通常称为"河相关系"。

河道的整治涉及河床的稳定性，而河床的稳定性与这种"河相关系"是密切相关的。因此，在进行新河断面设计时，应重视这种关系，以防河床失稳。

（四）整治建筑物设计

在整治线确定之后，根据不同类型整治线的要求，可采用不同类型的整治建筑物，以保证整治线的实施。整治建筑物的类型很多，治滩造地工程中常用的有丁坝、顺河坝等。

值得提出的是，修筑了某些治河造田工程以后，束窄了天然河道，改变了原来的水流状态，使流速增大，一般会引起河床纵深方向的冲刷。因此，在修筑治河工程的同时，还应根据建筑物和河道的情况，设置护底工程。

（五）河滩造田的方法

为了把治滩后造成的土地建成高产稳产的基本农田，必须做好滩地的园田化建设，其内容包括建设灌溉排水系统、营造防护林、平滩垫地、引洪漫地、改良土壤等内容。常见的河滩造田的方法有以下两种。

1. 修筑格坝

根据滩地园田化的规划，首先应当在河滩上用砂卵石或土料修成与顺河坝相垂直的，把滩地分为若干条块的横坝，叫作格坝，它是河滩造田中的一项重要工程。

格坝的主要作用是将格坝地与原有滩地分划成若干小块，形成许多造田单元，可以使平整土地及垫土的工程量大大减小，当顺河坝局部被冲毁时，格坝可发挥减轻洪灾的作用。

格坝间距的大小主要取决于河滩地形条件和河滩坡度大小，坡度越大，间距越小。另外，布置格坝时要尽量与道路、排灌系统、防护林网协调一致，格坝间距一般为 30～100 m。

格坝的高度与间距之间有密切的关系，如图 6-32 所示。

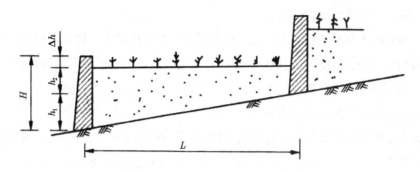

图6-32　格坝的高度与间距

当格坝间距 L 确定后，格坝的高度可用下式计算：

$$H = h_1 + h_2 + \Delta h \qquad (6\text{-}14)$$

$$h_1 = iL \qquad (6\text{-}15)$$

式中：H —— 格坝高度，m；

h_1 —— 两格之间河滩地面的高差，m；

i —— 河滩的纵比降；

h_2 —— 新造河滩地所需要的最小垫土厚度，根据各地经验，第一次垫土厚度要 40 cm 左右才能种植作物，以后逐年增加土层厚度，直至达 80 cm 时，才能高产稳产；

Δh —— 格坝超高，一般高出河滩新地面 20～30 cm。

根据试验，格坝的高度一般以 1～1.5 m 为宜。过高，则费工费时，而且稳定性差；过低，则格坝过密，田块太小，减少土地利用率。

格坝的形式和修筑方法视河滩实际情况而定。当为沙质河滩时，格坝可由河沙堆筑，其形式为梯形，顶宽一般为 1.5～2 m，边坡为 1：1.5～1：2。在卵石河滩上修筑格坝时，可用河滩上较大的卵石垒砌而成，若高度较高，可筑成浆砌石格坝，格坝的基础应在原地面 0～40 cm 处，用卵石或块石垒砌的格坝，其顶宽为 0.6～0.8 m，边坡为 1：0.2～1：0.5，基础底宽为 1～2 m。当格坝与道路、排灌渠道统一布置时，应加大格坝断面尺寸和提高修筑质量。

2. 引洪漫淤造地

在洪水季节，把河流中含有大量泥沙的洪水引进河滩，使泥沙沉积下来后再排走清水，这种造地方法叫作引洪漫淤造地或引洪淤灌。

第一，引洪淤灌的好处。

引洪淤灌是我国劳动人民在长期与洪水斗争中积累的一项宝贵经验，在我国北方一些丘陵山区已有近 2000 年的历史，主要有以下两方面的好处：

（1）充分利用山洪中的水、肥、土资源，变"洪害"为"洪利"。

①在缺水的山区和半山区，洪汛时期正是"卡脖旱"的时节，玉米、谷子等大田作物需水量很大，这时引洪淤灌，正好满足作物需水要求，对增产有显著作用，"一年淤灌，两年不旱"，因为洪水中的泥沙落淤后，具有"铺盖"与截断土壤毛细管的作用，保墙能力较强。

②洪水中含有大量的牲畜粪便、腐殖质和无机肥料，对增强地力、改良土壤有很大的作用。据张家口地区通桥墩河的调查：洪水落淤后，淤泥中的养分含量：氮为 0.206%，磷为 0.17%，钾为 0.802%，有机质为 3.8%。根据化验结果计算，每亩地淤 1 cm 厚的泥相当于同时施用硫酸铵 63 kg、过磷酸钙 62.5 kg、硫酸钾 97 kg、马牛粪 1450 kg。

③利用洪水淤灌，可增加土壤耕作层厚度，改善土壤团粒结构。据张家口地区调查，一次灌水 30 cm 深，淤泥厚就有 5 ～ 10 cm。

（2）为洪水和泥沙找到了出路，有效地保持了水土。引洪淤灌还可把对水库有害的泥沙变为对农业有利的土壤，大大减少了输入水库的泥沙量。据张家口全区估计，每年可拦蓄洪水 2 亿 m³，落淤泥沙 4000 万 m³，延长了下游水库的寿命。

第二，引洪淤灌的建筑物。

在小面积河滩上引洪漫淤造地，可以在河堤上开口，直接引洪水入滩造地，引洪口沿河堤设置，每隔 80 ～ 150 cm 设置一个，或者每一引洪口负责漫淤 1 ～ 2 块河滩地。引洪口的设置一般与水流方向呈 60° 夹角，尺寸的大小可根据引洪漫淤面积和一次引洪量多少而定，一般小河滩上多采用宽、高各为 1 m 的方形口，底部高程应高出河床 80 ～ 150 cm。

在较大的河滩上引洪淤地，则需要布置引洪渠系，渠系的设计可参考有关资料，由于山区河道洪水涨落快、历时短、出现次数少，且含沙量大，所以在设计中又有不同于清水灌区之处。

（1）引洪干渠的比降一般以 1/300 ～ 1/500 为宜，断面尺寸大小应根据引洪流量的大小而定，一般渠深 1.0 ～ 1.5 m，底宽 1 ～ 2 m，断面为梯形，边坡系数 1 : 1 ～ 1 : 1.5，渠顶宽 2 ～ 2.5 m，引洪支、毛渠的比降大于 1/300，以便将洪水迅速引流到地里。

（2）与清水灌溉相同，渠口设置进水闸与泄水闸，对于无坝引水的渠口还需设引水坝；对于有坝引水的渠口，则多用滚水坝代替引水坝，也有在泄水闸之间加入一段引水坝的，如图 6-33 所示。

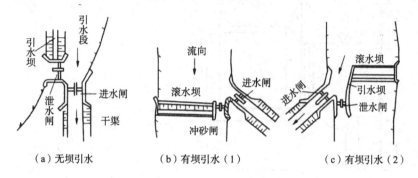

（a）无坝引水　　　　　（b）有坝引水（1）　　　　　（c）有坝引水（2）

图6-33　渠口三大件示意图

水闸的结构、布置与形式，可参见有关资料，由于洪水灌区闸的过流量大、流速高，河流主槽易变，因此，在闸的结构设计上一般要求"基深、底板厚、无消力池"。

①闸基：洪水渠道的闸多是由于淘基倾变而发生破坏，闸在过洪时，流速有时可达到 3 ～ 4 m/s，因此闸基前后的河床处于不稳定状态，常发生淘刷。为此，需加大闸基埋深，根据群众经验，一般要求"闸基到河底，闸多高、基多深"，在张家口地区，闸的基础深度一般为河槽以下 2.0 ～ 2.5 m。

②闸墩：宽度一般为 0.8 ～ 1.0 m，长度为 3 ～ 4 m。

③闸底板：厚度一般为 0.5 ～ 1.0 m，后齿墙一般与闸墩基础同深，前齿墙可稍浅一些。

图 6-34 为通桥河引洪渠一个典型的进水闸设计剖面图。

（3）引水坝的布置常分为软、硬两部分，以适应大小不同洪水情况，具体做法是"根硬、头尖、腰子软，保证坝口不出险"，如图 6-35 所示。

①坝梢。它是整个引水坝最先迎水的地方，要求结构坚固，一般用河卵石干砌，并用铅丝笼护脚，坝梢高度基本与设计引洪流量的水面平齐。

②薄弱段。在坝梢与坝身的连接部分常做一段薄弱段，其作用是在小洪

水时可引洪入渠，大洪水时可牺牲局部，保存整体，洪水可由此段漫越而过，冲开缺口，保证整个引水坝安全。薄弱段迎水面一般用卵石干砌，背面用砂砾石堆积而成。

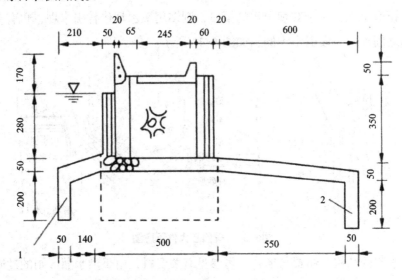

图6-34 进水闸剖面图（单位：cm）

1—前齿墙 2—后齿墙

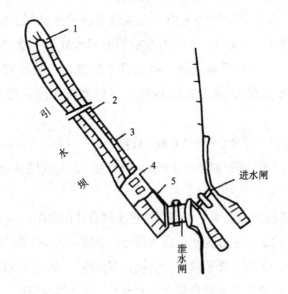

图6-35 引水坝平面图

1—坝梢 2—薄弱段 3—坝身 4—放水孔 5—坝根

③坝身。它常用浆砌块石做成，或卵石干砌，用卵石时一般内坡为1：1，外坡为1：2，顶宽为2～4m。坝身高度与坝梢高度确定方法相同，但应增加超高0.5～1.0m。

④坝根。它一般与泄水闸外边墩直接相连，多用浆砌石筑成，坝根内坡多为1：0.5，外坡为1：1，顶宽为2～4m。其高度及基础深与泄水闸外边墩相同。

第三，引洪漫淤的方法。

（1）"畦畦清"漫淤法。在地形平坦的河滩上，每块畦田设进、退水口，直接由引洪渠引洪入畦田，水流呈斜线形，每畦自引自排互不干扰。此法因进水口与退水口在畦田内呈对角线布置，流程长，落淤效果好。

（2）"一串串"漫淤法。在比降较大的河滩上引洪漫淤，多采用此种方法，洪水入畦后，呈"S"形流动，一串到头，进、出口呈对角线布置。

第七章　水利工程施工合同管理

第一节　水利工程施工合同

水利工程施工项目合同管理主要是水利建设主管单位、金融机构以及建设单位、监理单位、承包方依照法律和法规，采用法律的、行政的手段，对施工合同关系进行组织、指导、协调和监督，保护施工合同当事人的合法权益，处理施工合同纠纷，防止和制裁违法行为，保证施工合同法规的贯彻实施等一系列活动。依法签订的施工合同，合同双方的权益都受到法律保护。当一方不履行合同，使对方的权益受到侵害时，就可以以施工合同为依据，根据有关法律，追究违约一方的法律责任。

水利工程施工项目的合同管理是为了保证水利工程的项目法人和工程承包方能够按照合同条款共同完成水利工程。对水利工程施工项目合同的深入了解也是项目法人和工程承包方对自己的权利和义务的明确，避免因违背合同条款而承担法律责任，影响水利工程施工项目的顺利实施。

一、合同的内涵

合同是我国契约形式的一种，主要是指法人与法人之间、法人与公民之间或者公民与公民之间为共同实现某个目标，在合作过程中确定双方的权利和义务而签订的书面协议。

合同是两方或多方当事人意思表示一致的民事法律行文，合同一旦成立就具有法律效力，在双方当事人之间就发生了权利和义务的关系，若当事人一方或双方没有按照合同规定的事项履行义务，就需要按照合同条款承担相应的法律责任。

水利工程施工合同是指水利工程的项目法人（发包方）和工程承包商

（施工单位或承包方）为完成商定的水利工程而明确相互权利、义务关系的协议，即承包方进行工程建设施工，发包方支付工程价款的合同。根据施工合同的规定确保双方能够按照合同完成各自的权利和义务，如果一方违反规定，就需要按照合同条款承担相应的法律责任。

二、合同的要素

一般合同的要素包括合同的主体、客体和内容三大要素。

（一）主体

主体主要是指合同中签约双方的当事人，也是合同中的权利与义务的承担者。一般有法人和自然人。

（二）客体

客体主要是指合同的标的，也就是签约当事人的权利与义务所指的对象。

（三）内容

内容主要是指合同签约当事人之间的权利与义务。

三、合同谈判

施工合同需明确在施工阶段承包人和发包人的权利和义务，合同谈判是施工合同签订的前提，是履行合同的基础。合同是影响利润最主要的因素，而合同谈判和合同签订是获得尽可能多利润的最好机会。如何利用这个机会签订一份有利于自身的合同，是每个承包商都十分关心的问题。合同需要发包人和承包人双方按照平等自愿的合同条款和条件，全面履行各自的义务，并享受相应的权利，才能最终实现。

（一）施工合同谈判的内容

1. 工程范围

承包方承担的工程范围包括施工内容、设备采购、设备安装和调试等。在签订合同时要做到内容具体、范围清楚、责任明确，否则将导致报价漏项，从而发生合同纠纷。

2. 合同价格条款

合同依据计价方式的不同主要分为总价合同、单价合同和成本加酬金合同，在谈判中根据工程项目的特点加以确定。

3. 付款方式

付款方式主要是发包方和承包方对价格、货币以及支付方式等问题进行确定。承包人应对合同的价格调整、合同规定的货币价值浮动的影响、支付时间、支付方式和支付保证金等条款在谈判中予以充分重视。

4. 工期和维修期

①发包人和承包人应该依据各方条款和条件对工期做一个合理的设立。

②承包人应力争用维修保函来代替发包人扣留的保证金，这对发包人并无风险，是一种比较公平的做法。

③合同中应明确承包人保留由于工程变更、恶劣的气候影响等原因对工期产生不利影响时要求合理延长工期的权利。

5. 完善合同条件

完善合同条件包括以下方面：

①关于合同图纸；

②关于合同的某些措辞；

③关于施工占地；

④关于承包人移交施工现场和基础资料；

⑤关于工程交付、预付款保函的自动减款条款；

⑥关于违约罚金和工期提前奖金、工程量验收以及衔接工序和隐蔽工程施工的验收程序。

（二）合同最后文本的确定和合同的签定

1. 合同文件内容

水利工程施工合同文件构成包括：

①合同协议书、工程量及价格单、合同条件；

②投标人须知；

③合同技术条件（附投标图纸）、发包人授标通知；

④双方共同签署的合同补遗（有时也以合同谈判会议纪要形式表示）；

⑤中标人投标时所递交的主要技术和商务。

合同文件确定之后可对文件进行清理，将一些有歧义或矛盾的条文或文件直接予以作废清除。

2. 关于合同协议的补遗

在合同谈判阶段，双方谈判的结果一般以合同补遗的形式表示，这一文件在合同解释中拥有最高级别的效力，因为它属于合同签订人的最终意思表示。

3. 合同的签订

当双方对所有合同内容都进行确认并且没有错误之后就可以进行施工承包合同的签订。

第二节　合同管理内容

只有对项目合同进行有效的管理，才能使工程项目顺利实施。

一、合同分析

（一）合同分析的必要性

①在一个水利枢纽工程中，施工合同往往有几份、十几份甚至几十份，合同之间的关系错综复杂，必须对其进行分析。

②合同文件和工程活动的具体要求（如工期、质量、费用等）、合同各方的责任关系、事件和活动之间的逻辑关系极为复杂，须对这些逻辑关系加以整理区分，明确责任。

③大部分参与工程建设的人员要做的工作都为合同文件上已经规定好的内容，合同管理人员必须先对合同文件的内容进行分析掌握，才能向建设人员进行合同交底以提高工作效率。

④有时合同文件上某些条款的语言有些赘述，必须在施工之前先对其进行分析，使其简单明了，以便提高合同管理工作的效率。

⑤在合同中存在的问题和风险包括合同审查时已发现的风险和可能存在的隐藏风险，在合同实施前有必要做进一步的全面分析。

⑥在合同实施过程中，不管是发包方还是承包方都会对某一问题产生分歧，解决这些分歧的依据就是双方签订的合同文件，因此必须对合同文件进行分析。

（二）合同分析的内容

1. 合同的法律基础分析

承包人需要对合同中签订和实施所依据的法律、法规进行了解（只需对所依据的法律法规的范围和特点进行了解即可），只有了解了这些法律法规，才能对合同的实施和索赔进行有效的指导，对合同中明示的法律要重点分析。

2. 合同类型分析

施工合同的种类不止一种，不同类型的合同有不同的履行方式，其性质、特点也都具有较大的差异，这些差异导致双方的责任、权利关系和风险分担也不一样，对合同的管理和索赔产生不利的影响。

3. 发包人的责任分析

发包人的责任有两方面的内容：一方面是发包人的权利，它是承包方的义务，是承包方需要履行的责任，承包方违约通常都是由于没有充分履行己方的义务导致；另一方面是发包人的合作责任，指的是配合承包方完成合同规定的内容，这是承包人顺利完成任务的前提，假若发包人不履行合作责任，承包人有权进行索赔。

4. 合同价格分析

合同价格分析包括的内容很多，应重点分析合同采用的计价方法、计价依据、价格调整方法，还要对工程款结算的方法和程序进行分析。

5. 施工工期分析

合同中对于施工工期一般都已经规定好，对其进行分析，可以合理地安排施工计划，对影响工期的不利因素做好预防措施。因为在实际工程中，工程的延误属于不可预料事件，对工程的进度影响非常大，也经常是进行索赔的理由，所以对工期的分析要特别重视。

二、合同控制

合同控制的主要内容如下。

（一）预付款控制

预付款是承包工程开工以前业主按合同规定向承包人支付的款项。承包人利用此款项进行施工机械设备和材料以及在工地设置生产、办公和生活设施的开支。预付款金额的上限为合同总价的20%，一般预付款的额度为合同总价的10% ～ 15%。

预付款的实质是承包人先向业主提取的贷款，是没有利息的，在开工以后是要从每期工程进度款中逐步扣除直至还清的。通常对于预付款，业主要求承包商出具预付款保证书。

工程合同的预付款，按世界银行采购指南规定分为以下三种。

①调遣预付款：用作承包商施工开始的费用开支，包括临时设施、人员设备进场、履约保证金等费用。

②设备预付款：用于购置施工设备。

③材料预付款：用于购置建筑材料。其数额一般为该材料发票价的75%以下，在月进度付款凭证中办理。

（二）工程进度款

承包商依据工程进度的完成情况，计算工程量所需的价格，再增加或扣除相应的项目款即为每月所需的工程进度款。此款项一般需承包商尽早向监理工程师提交该月已完工程量的进度款付款申请，按月支付，是工程价款的主要部分。

承包商要核实投标及变更通知后报价的计算数字是否正确、核实申请付款的工程进度情况及现场材料数量、已完工程量，项目经理签字后交驻地监理工程师审核，驻地监理工程师批准后转交业主付款。

（三）保留金

保留金也称滞付金，是承包商履约的另一种保证，通常是从承包商的进度款中扣下一定百分比的金额，以便在承包商违约时起补偿作用。在工程竣工后，保留金应在规定的时间内退还给承包商。

（四）浮动价格计算

外界环境的变化如人工、材料、机械设备价格会直接影响承包商的施工成本。若在合同中不对此情况进行考虑，按固定价格进行工程价格计算的话，承包商就会为合同中未来的风险而增加费用，如果合同规定不按浮动价格计算工程价格，承包商就会预测到由合同期内的风险而增加费用，该费用应计入标价中。一般来说，短期的预测结果还是比较可靠的，但远期预测结果可能很不准确，这就造成承包商不得不大幅度提高标价以避免未来风险带来的损失。这种做法难以正确估计风险费用，估计偏高或偏低，无论是对业主还是承包商来说都是不利的。为获得一个合理的工程造价，工程价款支付可以采用浮动价格的方法来解决。

浮动价格计算方法考虑的风险因素很多，计算比较复杂。实际上也只能考虑风险的主要方面，如工资、物价上涨，按照合同规定的浮动条件进行计算。

①要确定影响合同价较大的重要计价要素，如水泥、钢材、木材的价格和人工工资等。

②确定浮动的起始条件，一般要在物价等因素波动 5% ～ 10% 时才进行调整。

③确定每个要素的价格影响系数，价格影响系数和固定系数的关系为

$$K_1 + K_2 + K_3 + K_4 + K_5 = 1 \qquad (7\text{-}1)$$

调整后的价格为

$$P_1 = P_0 \left(K_1 \frac{C_1}{C_0} + K_2 \frac{F_1}{F_0} + K_3 \frac{B_1}{B_0} + K_4 \frac{S_1}{S_0} + K_5 \right) \qquad (7\text{-}2)$$

式中：P_1——调整后的价格；

　　　P_0——合同价格；

　　　C_1——波动后水泥的价格；

　　　F_1——波动后钢材的价格；

　　　B_1——波动后木材的价格；

　　　S_1——波动后的人工工资；

　　　C_0——签合同时水泥的价格；

　　　F_0——签合同时钢材的价格；

　　　B_0——签合同时木材的价格；

　　　S_0——签合同时的人工工资；

　　　K_1——水泥的价格；

　　　K_2——钢材的价格；

　　　K_3——木材的价格；

　　　K_4——人工工资的影响系数；

　　　K_5——固定系数。

采取浮动价格机制后，业主承担了涨价风险，但承包方可以提出合理报

价。浮动价格机制使承包方不用承担风险，它不会给承包方带来超利润和造价难以估量的损失。因而减少了承包方与业主之间因物价、工资价格波动引起的纠纷，使工程能够顺利实施。

（五）结算

当工程接近尾声时要进行大量的结算工作。同一合同中包含需要结算的项目不止一个，可能既包括按单价付款项目，又包括按总价付款项目。当竣工报告已由业主批准，该项目已被验收时，该建筑工程的总款额就应当立即支付。按单价结算的项目，在工程施工已按月进度报告付过进度款，由现场监理人员对当时的工程进度工程量进行核定，核定承包人的付款申请并付了款，但当时测定的工程量可能准确也可能不准确，所以该项目完工时应由一支测量队来测定实际完成的工程量，然后按照现场报告提供的资料，审查所用材料是否该付款，扣除合同规定已付款的用料量，成本工程师可标出实际应当付款的数量。承包人将自己的工作人员记录的按单价结算的材料使用情况与工程师核对，双方确认无误后支付项目的结算款。

第三节　施工合同索赔管理

一、索赔的概述

（一）概念

索赔是指在合同实施过程中，合同当事人一方因对方负责的某种原因如对方违规违约或其他过错，或虽无过错但无法防止的外因导致当事人遭受经济损失或工期延误时，要求对方给予赔偿或补偿的法律行为。

（二）主要特性

①索赔是合同管理的一项正常规定，一般合同中规定的工程赔偿款是合同价的 7% ～ 8%。

②索赔作为一种合同赋予双方的具有法律意义的权利主张，是一种双向的活动。在现实工程实施中，大多数情况是承包方向业主提出索赔。由于承包方向业主进行索赔申请的时候，没有很烦琐的索赔程序，所以在一些合同协议书中一般只规定了承包方向业主进行索赔的处理方法和程序。

③索赔必须建立在损害结果已经客观存在的基础上。不管是时间损失还是经济损失，都需要有客观存在的事实，如果没有发生就不存在索赔的情况。

二、索赔的起因

（一）发包人违约

发包人违约主要表现为未按施工合同规定的时间和要求提供施工条件、任意拖延支付工程款、无理阻挠和干扰工程施工造成承包人经济损失或工期拖延、发包人所指定分包商违约等情形。

（二）合同调整

合同调整主要表现为设计变更、施工组织设计变更、加速施工、代换某些材料等原因造成工程工期延误。

（三）合同缺陷

签订合同时，由于种种原因造成合同中的条款存在某种疏漏，对承包人或发包人的利益产生不利影响。

（四）不可预见因素

由于天灾或人祸等不可抗力，不可预见的因素对正常施工造成影响，如银行付款延误、邮路延误、车站压货等。

三、索赔的程序

（一）索赔意向通知

当索赔事项出现时，承包人将索赔意向在事项发生 28d 内以书面形式通知工程师，并抄报发包人。索赔意向通知书的内容应包括索赔基本事实发生的时间及过程，索赔依据的合同条款及文件，造成的损失及严重程度。

（二）索赔报告提交

承包人在合同规定的时限内及时递送正式的索赔报告书，包括索赔的合同依据、索赔理由、索赔的基本事实、索赔要求（费用补偿或工期延长）及计算方法，并附相应证明材料。

（三）工程师对索赔的处理

工程师在收到承包人发出的索赔报告后，应及时审核所提出的基本事实以及索赔依据的资料，并在合同规定时限内给予答复或要求承包人进一步补充索赔理由和证据，逾期可视为该项索赔已被认可。

（四）索赔谈判

工程师提出索赔处理决定的初步意见后，发包人和承包人就此进行索赔谈判，作出索赔的最后决定。若谈判失败，即进入仲裁与诉讼程序。

（五）索赔证据的要求

①事实性。索赔证据必须是在实施合同过程中确实存在和发生的，必须完全反映实际情况，能经得住推敲。

②全面性。所提供的证据应能说明事件的全过程，不能零乱和支离破碎。

③关联性。索赔证据应能互相说明，相互具有关联性，不能互相矛盾。

④及时性。索赔证据的取得及提出应当及时。

⑤具有法律效力。一般要求证据必须是书面文件，有关记录、协议、纪要必须是双方签署的，工程中的重大事件、特殊情况的记录及统计必须由监理工程师签字认可。

第八章　水利工程施工质量管理

第一节　质量管理的主要内容和影响因素

一、质量管理的定义

我国国家标准《质量管理体系标准》（GB/T 19000—2000）对质量、质量管理、质量控制分别定义如下。

质量是一组固有特性满足要求的程度。固有特性是指某物所特有的，如水泥的强度、凝结时间等。质量的要求包括明示和隐含两种含义，明示要求一般通过合同、规范、图纸等明确表示，隐含需求一般是人们公认的，不必作出规定的需求。

质量管理是在质量方面指挥和控制组织协调的活动。在质量方面的指挥和控制活动，通常包括制定质量方针和质量目标以及质量策划、质量控制、质量保证和质量改进。

《水利水电工程施工质量检验与评定规程》（SL 176—2007）中定义的水利水电工程质量指工程满足国家和水利行业相关标准及合同约定要求的程度，在安全、功能、适用、外观及环境保护等方面的特性总和，水利水电工程质量包含设计质量、施工质量和管理质量。这里只涉及施工质量。

二、质量管理的主要内容

水利工程施工质量管理从全面质量管理的观点来分析，主要包括以下内容。

（一）质量管理的基础工作

质量管理的基础工作是标准化、计量、质量信息与质量教育工作，此外，还有以质量否决权为核心的质量责任制。

（二）质量体系的设计

质量管理首先要设计或决策科学有效的质量体系，无论是国家、地方、企业还是某组织、单位的质量体系设计，都要从实际情况和客观需要出发，合理选择质量体系要素，编制质量体系文件，规划质量体系运行布置和方法，并制定考核办法。

（三）质量管理的组织体制和法规

从我国具体国情出发，研究各国质量管理体制、法规，提炼出具有我国特色的质量管理体制和法规体系，如质量管理组织体系、质量监督组织体系、质量认证体系等，以及质量管理方面的法律、法规和规章等。

（四）质量管理的工具和方法

质量管理的基本思想方法是全面质量管理，基本数学方法是概率论和数量统计方法，由此而总结出各种常用工具，如排列图、因果分析图、直方图、控制图等。

（五）质量抽样检验方法和控制方法

质量指标是具体、定量的。如何抽样检查或检验，怎样实行有效的控制，都要在质量管理过程中正确地运用数理统计方法，研究和制定各种有效控制系统。质量的统计抽样工具——抽样方法标准就成为质量管理工程中一项必要内容。

（六）质量成本和质量管理经济效益的评价、计算

质量成本是从经济性角度评定质量体系有效性的重要方面。科学、有效的质量管理，对企业、单位和国家都有显著的经济效益。如何核算质量成本，怎样定量考核质量管理水平和效果，已成为现代质量管理必须研究的一项重要课题。

三、质量管理的影响因素

在工程项目施工阶段，影响工程施工质量的主要因素是"人""机""料""法""环"五个方面。

（一）对"人"的控制

人是工程质量的控制者，也是工程质量的"制造者"，工程质量的好坏

与人的因素是密不可分的。控制人的因素，即调动人的积极性、避免人的失误等，是控制工程质量的关键因素。

1. 领导者的素质

领导者是具有决策权力的人，其整体素质是提高工作质量和工程质量的关键。因此，在对承包商进行资质认证和选择时一定要考核领导者的素质。

2. 人的理论水平和技术水平

人的理论水平和技术水平是人的综合素质的体现，直接影响工程项目质量，尤其是技术复杂、操作难度大、要求精度高、工艺新的工程对人的素质要求更高；否则，工程质量就很难保证。

3. 人的生理缺陷

根据工程施工的特点和环境，应严格检查人的生理缺陷，如患有高血压、心脏病的人不能从事高空作业和水下作业，反应退钝、应变能力差的人不能操作快速运行、动作复杂的机械设备等；否则，将影响工程质量，引起安全事故。

4. 人的心理行为

影响人的心理行为的因素很多，而人的心理因素如疑虑、畏惧、抑郁等很容易使人产生愤怒、怨恨等情绪，使人的注意力转移，由此引发质量、安全事故。所以，在审核企业的资质水平时，要注意企业职工的凝聚力、职工的情绪等，这也是选择企业的一条标准。

5. 人的错误行为

人的错误行为是指人在工作场地或工作中吸烟、打盹、错视、错听、误判断、误动作等，这些都会影响工程质量或造成质量事故。所以，在有危险的工作场所，应严格禁止吸烟、嬉戏等。

6. 人的违纪违章

人的违纪违章是指人的粗心大意、注意力不集中、不履行安全措施等不良行为，会对工程质量造成损害，甚至引起工程质量事故。所以，在使用人的问题上，应对思想素质、业务素质和身体素质等方面严格要求。

（二）对施工机械设备的控制

施工机械设备是工程建设不可缺少的设施，目前工程建设的施工进度和施工质量都与施工机械关系密切，对机械设备的控制包括施工机械、各类施工工器具和工程设备的质量控制，在施工阶段，必须对施工机械的性能、选型和使用操作等方面进行控制。

1. 机械设备的选型

机械设备的选型应因地制宜，按照技术先进、经济合理、生产适用、性能可靠、使用安全、操作和维修方便等原则来选择施工机械。

2. 机械设备的性能参数

机械设备的性能参数是选择机械设备的主要依据，为满足施工需要，在参数选择上可适当留有余地，但不能选择超出需要很多的机械设备，否则容易造成经济上的不合理。

3. 机械设备的合理使用

合理使用机械设备，正确进行操作，是保证项目施工质量的重要环节。应贯彻人机固定原则，实行定机、定人、定岗位责任的"三定"制度。要合理划分施工段，组织好机械设备的流水施工。当一个项目有多个单位工程时，应使机械在单位工程之间流水作业，减少进出场时间和装卸费用。搞好机械设备的综合利用，尽量做到一机多用，充分发挥其效率。要使现场环境、施工平面布置适合机械作业要求，为机械设备的施工创造良好条件。

4. 机械设备的保养与维修

为了保持机械设备的良好技术状态，提高设备运转的可靠性和安全性，减少零件的磨损，延长使用寿命，降低消耗，提高机械施工的经济效益，应做好机械设备的保养。保养分为例行保养和强制保养。对机械设备的维修可以保证机械的使用效率，延长使用寿命。机械设备维修是对机械设备的自然损耗进行修复，排除机械运行的故障，对损坏的零部件进行更换、修复。

（三）对材料的控制

1. 建立材料管理制度，减少材料损失、变质

对材料的采购、加工、运输、贮存建立管理制度，可加快材料的周转，减少材料占用量，避免材料损失、变质，按质、按量、按期满足工程项目的需要。

2. 对原材料、半成品、构配件进行标识

进入施工现场的原材料、半成品、构配件要按型号、品种分区堆放并做好标识。对有防湿、防潮要求的材料，要有防雨、防潮措施，并有标识。对

容易损坏的材料、设备，要做好防护。对有保质期要求的材料，要定期检查，以防过期，并做好标识。标识应具有可追溯性，即应标明其规格、产地、日期、批号、加工过程、安装交付后的分布和场所。

3. 加强材料检查验收

用于工程的主要材料，进场时应有出厂合格证和材质化验单；凡标识不清或认为质量有问题的材料，需要进行追踪检验，以确保质量；凡未经检验和已经验证为不合格的原材料、半成品、构配件和工程设备不能投入使用。

4. 发包人提供的原材料、半成品、构配件和设备

发包人提供的原材料、半成品、构配件和设备用于工程时，项目组织应对其做出专门的标识，接收时进行验证，贮存或使用时给予保护和维护，并保证其得到正确的使用。上述材料若经验证不合格，不得用于工程。发包人有责任提供合格的原材料、半成品、构配件和设备。

5. 材料质量抽样和检验方法

材料质量抽样应按规定的部位、数量及采选的操作要求进行。材料质量的检验项目分为一般试验项目和其他试验项目，一般项目即通常进行的试验项目，其他试验项目是根据需要进行的试验项目。材料质量检验方法有书面检验、外观检验、理化检验和无损检验等。

（四）对施工方法的控制

施工方法的控制主要包括施工方案、施工工艺、施工组织设计、施工技术措施等方面的控制。对施工方法的控制，应着重抓好以下三方面内容。

①施工方案应随工程进展而不断细化和深化。

②选择施工方案时，对主要项目要拟订几个可行方案，找出主要矛盾，明确各个方案的主要优缺点，通过反复论证和比较，选出最佳方案。

③对主要项目、关键部位和难度较大的项目，如新结构、新材料、新工艺、大跨度、高大结构部位等，制订方案时要充分估计可能发生的施工质量问题和处理方法。

（五）对环境的控制

施工环境的控制主要包括自然环境、管理环境和劳动环境等。

自然环境的控制主要是掌握施工现场水文、地质和气象资料，以便在编制施工方案、施工计划和措施时，能够从自然环境的特点和规律出发，制定

地基与基础施工对策，防止地下水、地面水对施工的影响，保证周围建筑物及地下管线的安全。从实际条件出发做好冬、雨季施工项目的安排和防范措施，加强环境保护和建设公害的治理。

管理环境的控制主要是要按照承发包合同的要求，明确承包商和分包商的工作关系，建立现场施工组织系统运行机制及施工项目质量管理体系；正确处理好施工过程安排和施工质量之间的关系，使两者能够相互协调、相互促进、相互制约；做好与施工项目外部环境的协调，包括与邻近单位、居民及有关各方面的沟通、协调，以保证施工顺利进行，提高施工质量，创造良好的外部环境和氛围。

劳动环境的控制主要是做好施工平面图的合理规划和布置，规范施工现场机械设备、材料、构件的各项管理工作，做好各种管线和大型临时设施的布置；落实施工现场各种安全防护措施，做好明显标识，保证施工道路的畅通，安排好特殊环境下施工作业的通风照明措施；加强施工作业现场的及时清理工作，保证施工作业面的有序和整洁。

第二节 工程项目施工阶段质量控制

一、施工现场质量管理的基本环节

施工质量控制过程，无论是从施工要素着手，还是从施工质量的形成过程出发，都必须通过现场质量管理中一系列可操作的基本环节实现。

现场质量管理的基本环节包括图纸会审、技术复核、技术交底、设计变更、三令管理、隐蔽工程验收、三检制、级配管理、材料检验、施工日记、质保材料、质量检验、成品保护等。

（一）三检制

三检制是指操作人员的自检、互检和专职质量管理人员的专检相结合的检验制度。它是确保现场施工质量的一种有效方法。

自检是指由操作人员对自己的施工作业或已完成的分项工程进行检验，实施自我控制、自我把关，及时消除异常因素，以防止不合格品进入下道作业。

互检是指操作人员之间对所完成的作业或分项工程进行相互检查，是对自检的一种复核和确认，起到相互监督的作用。互检的形式可以是同组操作人员之间的相互检验，也可以是班组的质量检查员对本班组操作人员的抽检，还可以是下道作业对上道作业的交接检验。

专检是指质量检验员对分部、分项工程进行的检验，用以弥补自检、互检的不足。专检还可细分为专检、巡检和终检。

实行三检制，要合理确定好自检、互检和专检的范围。一般情况下，原材料、半成品、成品的检验以专职检验人员为主，生产过程中各项作业的检验则以施工现场操作人员的自检、互检为主，专职检验人员巡回抽检为辅。成品的质量必须进行终检认证。

（二）技术复核

技术复核是指工程在未施工前所进行的预先检查。技术复核的目的是保证技术基准的正确性，避免因技术工作的疏忽差错而造成工程质量事故。因此，凡是涉及定位轴线、标高、尺寸、配合比、模板尺寸、预埋件的材质、型号、规格，吊装预制构件强度等，都必须根据设计文件和技术标准的规定进行复核检查，并做好记录和标识。

（三）技术核定

在实际施工过程中，施工项目管理者或操作者对施工图的某些技术问题有异议或提出改善性的建议，如材料、构配件的代换、混凝土使用外加剂、工艺参数调整等，必须由施工项目技术负责人向设计单位提出《技术核定单》，经设计单位和监理单位同意后才能实施。

（四）设计变更

施工过程中，由于业主的需要或设计单位出于某种改善性考虑，以及施工现场实际条件发生变化，导致设计与施工的可行性发生矛盾，这些都将涉及施工图的设计变更。设计变更不仅关系施工依据的变化，而且涉及工程量的增减及工程项目质量要求的变化，因此，必须严格按照规定程序处理设计变更的有关问题。

一般的设计变更需设计单位签字盖章确认，监理工程师下达设计变更令，施工单位备案后执行。

（五）三令管理

在施工生产过程中，凡沉桩、挖土、混凝土浇灌等作业必须纳入按命令施工的管理范围，即三令管理。三令管理的目的在于核查施工条件和准备工作情况，确保后续施工作业的连续性、安全性。

（六）级配管理

施工过程中涉及的砂浆或混凝土，凡在图纸上标明强度或强度等级的，均需纳入级配管理制度范围。级配管理包括事前、事中和事后管理三个阶段。事前管理主要是级配的试验、调整和确认；事中管理主要是砂浆或混凝土拌制过程中的监控；事后管理则为试块试验结果的分析，实际上是对砂浆或混凝土的质量评定。

（七）分部、分项工程和隐蔽工程的质量检验

施工过程中，每一分部、分项工程和隐蔽工程施工完毕后，质检人员均应根据合同规定进行检验。质量检验应在自检、专检的基础上，由专职质量检查员或企业的技术质量部门进行核定。只有通过其验收检查，确认质量合格后，方可进行后续工程施工或隐蔽工程的覆盖。

其中，隐蔽工程是指那些施工完毕后将被隐蔽而无法或很难对其再进行检查的分部、分项工程，就土建工程而言，隐蔽工程的验收项目主要有：地基、基础、基础与主体结构各部位钢筋、现场结构焊接、高强螺栓连接、防水工程等。

通过对分部、分项工程和隐蔽工程的检验，可确保工程质量符合规定要求，对发现的问题应及时处理，不留质量隐患及避免施工事故的发生。

（八）成品保护

在施工过程中，有些分部、分项工程已经完成，而其他一些分部、分项工程尚在施工，或者是在其分部、分项施工过程中，某些部位已完成，而其他部位正在施工。在这种情况下，施工单位必须负责对已完成部分采取妥善措施予以保护，以免成品缺乏保护或保护不善而被损伤或污染，影响工程的整体质量。

成品保护工作主要是要合理安排施工顺序、按正确的施工流程组织施工以及制定和实施严格的成品保护措施。

二、水利工程各参与方质量管理内容

为了加强水利工程的质量管理，保证工程质量，原水利部于1997年12月21日颁发了《水利工程质量管理规定》（水利部令第7号）。《水利工程质量管理规定》共分为总则，工程质量监督管理，项目法人（建设单位）质量管理，监理单位质量管理，设计单位质量管理，施工单位质量管理，建筑材料、设备采购的质量管理和工程保修，罚则，附则共九章计48条。对于各级主管部门的质量管理以及质量监督机构、项目法人（建设单位）、监理单位、设计单位、施工单位和建筑材料设备供应单位的质量管理均作出了明确规定。这里只叙述建设单位、施工单位和材料设备供应单位的质量管理内容。

（一）项目法人（建设单位）质量管理内容

（1）建立健全施工质量检查体系，建立质量管理机构和质量管理制度。

（2）工程开工前，办理工程质量监督手续，主动接受工程质量的监督检查。

（3）应组织设计和施工单位进行设计交底，施工中应对工程质量进行检查，工程完工后，应及时组织有关单位进行工程质量验收、签证。

（4）项目法人通过招投标选择勘察、设计、施工、监理以及重要设备材料供应单位并实行合同管理。在合同文件中，必须有工程质量条款，明确图纸、资料、工程、材料、设备等的质量标准及合同双方的质量责任。

（二）施工单位质量管理内容

根据《水利工程质量管理规定》，施工单位必须按其资质等级及业务范围承担相应水利工程施工任务。施工单位必须接受水利工程质量监督单位对其施工资质等级和质量保证体系的监督检查。施工单位质量管理的主要内容有以下四项：

（1）施工单位必须依据国家、水利行业有关工程建设法规、技术规程、技术标准的规定以及设计文件和施工合同的要求进行施工，并对其施工的工程质量负责。

（2）施工单位不得将其承接的水利建设项目的主体工程进行转包。对工程的分包，分包单位必须具备相应资质等级，并对其分包工程的施工质量向总包单位负责，总包单位对全部工程质量向项目法人（建设单位）负责。

（3）施工单位要推行全面质量管理，建立健全质量保证体系，制定和完善岗位质量规范、质量责任及考核办法，落实质量责任制。在施工过程中要加强质量检验工作，认真执行"三检制"，切实做好工程质量的全过程控制。

（4）竣工工程质量必须符合国家和水利行业现行的工程标准及设计文件要求，并应向项目法人（建设单位）提交完整的技术档案、试验成果及有关资料。

（三）建筑材料和工程设备采购质量管理内容

在工程建设中，材料和设备无论由项目法人（建设单位）还是施工单位采购，根据《水利工程质量管理规定》，建筑材料和工程设备的质量均由采购单位承担相应责任。凡进入施工现场的建筑材料和工程设施均应按有关规定进行检验。经检验不合格的产品不得用于工程。建筑材料或工程设备采购质量管理的主要内容如下：

（1）建筑材料或工程设备有产品质量检验合格证明。

（2）建筑材料或工程设备有中文标明的产品名称、生产厂名和厂址。

（3）建筑材料或工程设备包装和商标式样符合国家有关规定和标准要求。

（4）工程设施应有产品详细的使用说明书，电气设备还应附线路图。

（5）实施生产许可证或实行质量认证的产品，应当具有相应的许可证或认证证书。

三、质量控制的方法

施工过程中的质量控制方法主要有：旁站检查、测量、试验等。

（一）旁站检查

旁站检查是指有关管理人员对重要工序（质量控制点）的施工进行的现场监督和检查，以避免质量事故的发生。旁站检查也是驻地监理人员的一种主要现场检查形式。根据工程施工难度及复杂性，可采用全过程旁站、部分时间旁站两种检查方式。对容易产生缺陷的部位，或产生了缺陷难以补救的部位，以及隐蔽工程，应加强旁站检查。

在旁站检查中，必须检查承包人在施工中所用的设备、材料及混合料是否符合已批准的文件要求，检查施工方案、施工工艺是否符合相应的技术规范。

（二）测量

测量是对建筑物的尺寸进行控制的重要手段。应对施工放样及高程控制进行核查，不合格者不准开工。对模板工程、已完工程的几何尺寸、高程、宽度、厚度、坡度等质量指标，按规定要求进行测量验收，不符合规定要求的需返工。测量记录经工程师审核签字后方可使用。

（三）试验

试验是工程师确定各种材料和建筑物内在质量是否合格的重要方法。所有工程使用的材料，都必须事先经过材料试验，质量必须满足产品标准，并经工程师检查批准后方可使用。材料试验包括水源、粗骨料、沥青、土工织物等各种原材料，不同等级混凝土的配合比试验，外购材料及成品质量证明和必要的试验鉴定，仪器设备的校调试验，加工后的成品强度及耐用性检验，工程检查等。没有试验数据的工程不予验收。

四、工序质量监控

（一）工序质量监控的内容

工序质量控制主要包括对工序活动条件的监控和对工序活动效果的监控。

1. 对工序活动条件的监控

对工序活动条件的监控是指对影响工程生产的因素进行控制。对工序活动条件监控是工序质量控制的手段。尽管在开工前对生产活动条件已进行了初步控制，但在工序活动中有的条件还会发生变化，使其基本性能达不到检验指标，这正是生产过程产生质量不稳定的重要原因。因此，只有对工序活动条件进行控制，才能达到对工程或产品的质量性能特性指标的控制。工序活动条件包括的因素较多，要通过分析，分清影响工序质量的主要因素，抓住主要矛盾，逐渐予以调节，以达到质量控制的目的。

2. 对工序活动效果的监控

主要反映在对工序产品质量性能的特征指标的控制上。对工序活动的产品采取一定的检测手段进行检验，根据检验结果分析、判断该工序活动的质量效果，从而实现对工序质量的控制，其步骤如下：首先，工序活动前的控制，主要要求人、材料、机械、方法或工艺、环境满足要求；其次，采用必要的手段和工具，对抽出的工序子样进行质量检验；再次，应用质量统计分析工具（如直方图、控制图、排列图等）对检验所得的数据进行分析，找出这些质量数据所遵循的规律，根据质量数据分布规律的结果，判断质量是否正常，若出现异常情况，寻找原因，找出影响工序质量的因素，尤其是那些主要因素，采取对策和措施进行调整；最后，重复前面的步骤，检查调整效果，直到满足要求为止，这样便可达到控制工序质量的目的。

（二）质量控制点的设置

质量控制点的设置是进行工序质量预防控制的有效措施。质量控制点是指为保证工程质量而必须控制的重点工序、关键部位、薄弱环节。应在施工前全面、合理地选择质量控制点，并对设置质量控制点的情况及拟采取的控制措施进行审核。必要时，应对质量控制实施过程进行跟踪检查或旁站监督，以确保质量控制点的施工质量。

设置质量控制点，主要有以下六方面：

1. 关键的分项工程

例如大体积混凝土工程；土石坝工程的坝体填筑；隧洞开挖工程等。

2. 关键的工程部位

例如混凝土面板堆石坝面板趾板及周边缝的接缝；土基上水闸的地基基础；预制框架结构的梁板节点；关键设备的设备基础等。

3. 薄弱环节

经常发生或容易发生质量问题的环节；承包人无法把握的环节；采用新工艺（材料）施工的环节等。

4. 关键工序

例如钢筋混凝土工程的混凝土振捣；灌注桩钻孔；隧洞开挖的钻孔布置、方向、深度、用药量和填塞等。

5. 关键工序的关键质量特性

例如混凝土的强度、耐久性；土石坝的干容重、黏性土的含水率等。

6. 关键质量特性的关键因素

例如冬季混凝土强度的关键因素是环境（养护温度）；支模的关键因素是支撑方法；泵送混凝土输送质量的关键因素是机械；墙体垂直度的关键因素是人等。

控制点的设置应准确有效，因此，究竟选择哪些作为控制点，需要由有经验的质量控制人员确定。一般可根据工程性质和特点来确定，表 8-1 列举了某些分部分项工程的质量控制点，可供参考。

表8-1　质量控制点的设置

分部分项工程	质量控制点	
建筑物定位	标准轴线桩、定位轴线、标高	
地基开挖及清理	开挖部位的位置、轮廓尺寸、标高；岩石地基钻爆过程中的钻孔、装药量、起爆方式；开挖清理后的建基面；断层、破碎带、软弱夹层、岩熔的处理；渗水的处理	
基础处理	基础灌浆帷幕灌浆	造孔工艺、孔位、孔斜；岩芯获得率；洗孔及压水情况；灌浆情况；灌浆压力、结束标准、封孔
	基础排水	造孔、洗孔工艺；孔口、孔口设施的安装工艺
	锚桩孔	造孔工艺锚桩材料质量、规格、焊接；孔内回填
混凝土生产	砂石料生产	毛料开采、筛分、运输、堆存；砂石料质量（杂质含量、细度模数、平均粒径、级配）、含水率、骨料降温措施
	混凝土拌和	原材料的品种、配合比、称量精度；混凝土拌和时间、温度均匀性；拌和物的坍落度；温控措施（骨料冷却、加冰、加冰水）、外加剂比例
混凝土浇筑	建基面清理	岩基面清理（冲洗、积水处理）
	模板、预埋件	位置、尺寸、标高、平整性、稳定性、刚度、内部清理；预埋件型号、规格、埋设位置、安装稳定性、保护措施
	钢筋	钢筋品种、规格、尺寸、搭接长度、钢筋焊接、根数、位置
	浇筑	浇筑层厚度、平仓、振捣、浇筑间歇时间、积水和泌水情况、埋设件保护、混凝土养护、混凝土表面平整度、麻面、蜂窝、露筋、裂缝、混凝土密实性、强度
土石料填筑	土石料	土料的黏粒含量、含水率、砾质土的粗粒含量、最大粒径、石料的粒径、级配、坚硬度、抗冻性
	土料填筑	防渗体与岩石面或混凝土面的结合处理、防渗体与砾质土、黏土地基的结合处理、填筑体的位置、轮廓尺寸、铺土厚度、铺填边线、土层接面处理、土料碾压、压实干密度
	石料砌筑	砌筑体位置、轮廓尺寸、石块重量、尺寸、表面顺直度、砌筑工艺、砌体密实度、砂浆配比、强度
	砌石护坡	石块尺寸、强度、抗冻性、砌石厚度、砌筑方法、砌石孔隙率、垫层级配、厚度、孔隙率

（三）见证点、停止点的概念

"见证点"和"停止点"是国际上对于重要程度不同及监督控制要求不同的质量控制对象的一种区分方式。

见证点监督也称为 W 点监督。凡是被列为见证点的质量控制对象，在规定的控制点施工前，施工单位应提前 24h 通知监理人员在约定时间内到现场进行见证并实施监督。如监理人员未在约定时间内到场，施工单位有权对该点进行相应的操作和施工。

停止点也称为待检查点或 H 点，它的重要性高于见证点，是针对那些由于施工过程或工序施工质量不易或不能通过其后的检验和试验而充分得到论证的"特殊过程"或"特殊工序"而言的。凡被列入停止点的控制点，要求必须在该控制点来临之前 24h 通知监理人员到场实验监控，如监理人员未能在约定时间内到达现场，施工单位应停止该控制点的施工，并按合同规定等待监理方，未经认可不能超过该点继续施工。

第三节　工程质量控制的统计方法

一、质量数据

利用质量数据和统计分析方法进行项目质量控制，是控制工程质量的重要手段。通常通过收集和整理质量数据，进行统计分析比较，找出生产过程的质量规律，判断工程产品质量状况，发现存在的质量问题，找出引起质量问题的原因，并及时采取措施，预防和纠正质量事故，使工程质量始终处于受控状态。

质量数据是用以描述工程质量特征性能的数据。它是进行质量控制的基础，没有质量数据，就不可能有现代化的科学的质量控制。

（一）质量数据的类型

质量数据按其自身特征，可分为计量值数据和计数值数据；按其收集目的，可分为控制性数据和验收性数据。

1. 计量值数据

计量值数据是可以连续取值的连续型数据。例如长度、重量、面积、标高等质量特征，一般都是可以用量测工具或仪器等量测，且都带有小数。

2. 计数值数据

计数值数据是不连续的离散型数据。例如不合格品数、不合格的构件数等，这些反映质量状况的数据是不能用量测器具来度量的，只能采用计数的办法，且只能出现 0、1、2 等非负数的整数。

3. 控制性数据

控制性数据一般以工序作为研究对象，是为分析、预测施工过程是否处于稳定状态而定期随机地抽样检验获得的质量数据。

4. 验收性数据

验收性数据以工程的最终实体内容为研究对象，是以分析、判断其质量是否达到技术标准或用户的要求而采取随机抽样检验而获取的质量数据。

（二）质量数据的收集方法

1. 全数检验

全数检验是对总体中的全部个体逐一观察、测量、计数、登记，从而获得对总体质量水平结论的方法。全数检验一般比较可靠，能提供大量的质量信息，但要消耗很多人力、物力、财力和时间，特别是不能用于具有破坏性的检验和过程质量控制，应用上具有局限性；在有限总体中，对重要的检测项目，在可采用建议快速的不破损检验方法时，可选用全数检验方案。

2. 随机抽样检验

抽样检验是按照随机抽样的原则，从总体中抽取部分个体组成样本，根据对样品进行检测的结果，推断出总体质量水平的方法。

二、质量控制的统计方法

通过对质量数据的收集、整理和统计分析，找出质量的变化规律和存在的质量问题，提出进一步的改进措施，这种运用数学工具进行质量控制的方法是所有涉及质量管理的人员必须掌握的，它可以使质量控制工作定量化和规范化。下面介绍七种在质量控制中常用的数学工具及方法。

（一）直方图法

直方图法又称频数分布直方图法，它是将收集到的质量数据进行分组整理，绘制成以组距为底边、以频数为高度的矩形图，用于描述质量分布状态的一种分析方法。通过对直方图的观察与分析，可以了解产品质量的波动情况，掌握质量特性的分布规律，以便对质量状况进行分析判断，评价工作过程能力等。

（二）统计调查表法

统计调查表法是利用统计整理数据和分析质量问题的各种表格，对影响工程质量的原因进行分析和判断的方法。这种方法简单方便，并能为其他方法提供依据。统计调查表没有固定的格式和内容，工程中常用的统计调查表有分项工程作业质量分布调查表、不合格项目停产表、不合格原因调查表、工程质量判断统计调查表。

统计调查表一般由表头和频数统计两部分组成，内容根据需要和具体要求确定。

（三）分层法

分层法又称分类法，是将收集的数据根据不同的目的，按性质、来源、影响因素等进行分类和分层研究的方法。分层法可以使杂乱的数据条理化，找出主要问题，采取相应措施。常用的分层标准有：①按工程内容分层；②按时间、环境分层；③按机械设备分层；④按操作者分层；⑤按生产工艺分层；⑥按质量检验方法分层。

（四）排列图法

排列图法又称帕累托图法、主次因素分析图法或 ABC 分类管理法，是寻找影响质量主次因素的一种有效方法。它由两个纵坐标、一个横坐标、几个连起来的直方形和一条曲线组成，如图 8-1 所示。左侧纵坐标表示频数，右侧纵坐标表示累计频率，横坐标表示影响质量的各个因素或项目，按影响程度大小从左至右排列，直方形的高度示意某个因素的影响程度。

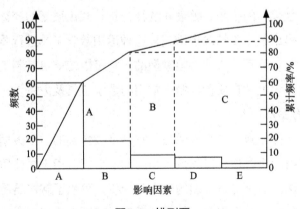

图8-1 排列图

（五）因果分析图法

因果分析图法是利用因果分析图来系统整理分析某个质量问题（结果）与其影响因素之间关系，采取措施，解决存在的质量问题的方法。因果分析图也称特性要因图，又因其形状被称为树枝图或鱼刺图。

1.因果分析图的基本形式

由图 8-2 可知，因果分析图由质量特性（质量结果，指某个质量问题）、要因（产生质量问题的主要原因）、枝干（一系列箭线表示不同层次的原因）、主干（较粗的直接指向质量结果的水平箭线）等组成。

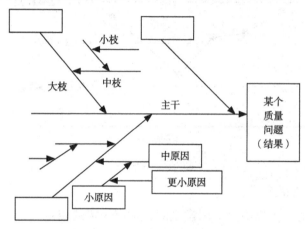

图8-2　因果分析图的基本形式

2.因果分析图的绘制

因果分析图的绘制步骤与图中箭头方向相反，是从"结果"开始将原因逐层分解的，具体步骤如下：

（1）明确质量问题——结果。作图时首先由左至右画出一条水平主干线，箭头指向一个矩形框，框内注明研究的问题，即结果。

（2）分析确定影响质量特性的大方面的原因。一般来说，影响质量的因素有五大方面，即人、机械、材料、方法和环境。另外，还可以按产品的生产过程进行分析。

（3）将每种大原因进一步分解为中原因、小原因，直至分解的原因可以采取具体措施加以解决为止。

（4）检查图中所列原因是否齐全，可以对初步分析结果广泛征求意见，并做必要补充及修改。

（5）选出影响大的关键因素，做出标记"△"，以便重点采取措施。

（六）管理图法

管理图也称控制图，它是反映生产过程随时间变化而变化的质量动态，即反映生产过程中各个阶段质量波动状态的图形，如图 8-3 所示。管理图利用上下控制界限，将产品质量特性控制在正常波动范围内，一旦有异常情况，通过管理图就可以发现并及时处理。

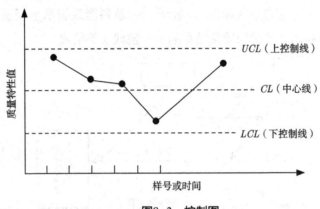

图8-3 控制图

（七）相关图法

产品质量与影响质量的因素之间，常有一定的相互关系，但不一定是严格的函数关系，这种关系称为相关关系，可利用直角坐标系将这两个变量之间的关系表达出来。相关图的形式有正相关、负相关、非线性相关和无相关。

第四节　工程质量事故处理

一、施工质量事故的定义与分类

（一）质量事故与质量缺陷

施工项目质量事故是指在水利水电工程建设过程中，由于建设管理、监理、勘测、设计、咨询、施工、材料、设备等原因造成工程质量不符合国家和行业相关标准以及合同约定的质量标准，影响使用寿命和对工程安全运行造成隐患和危害的事件。

质量缺陷是指对工程质量有影响，但小于一般质量事故的质量问题。工程建设中发生的以下质量问题属于质量缺陷：①发生在大体积混凝土、金结制作安装及机电设备安装工程中，处理所需物资、器材及设备、人工等直接损失费用不超过 20 万元人民币；②发生在土石方工程或混凝土薄壁工程中，处理所需物资、器材及设备、人工等直接损失费用不超过 10 万元人民币；③处理后不影响工程正常使用和寿命。

（二）施工质量事故分类

根据《水利工程质量事故处理暂行规定》（水利部令第 9 号），工程质量事故按直接经济损失的大小，检查、处理事故对工期的影响时间长短和对工程正常使用的影响，分为一般质量事故、较大质量事故、重大质量事故、特大质量事故。

一般质量事故是指对工程造成一定经济损失，经处理后不影响正常使用并不影响使用寿命的事故。

较大质量事故是指对工程造成较大经济损失或延误较短工期，经处理后不影响正常使用但对工程寿命有较大影响的事故。

重大质量事故是指对工程造成重大经济损失或较长时间延误工期，经处理后不影响正常使用但对工程寿命有较大影响的事故。

特大质量事故是指对工程造成特大经济损失或较长时间延误工期，经处理后仍对正常使用和工程寿命造成较大影响的事故。

水利工程质量事故分类标准见表 8-2。

表8-2　水利工程质量事故分类标准

损失情况		事故类别			
		特大质量事故	重大质量事故	较大质量事故	一般质量事故
事故处理所需的物资、器材和设备、人工等直接损失费用（单位：万元）	大体积混凝土，金结制作和机电安装工程	> 3000	> 500，< 3000	> 100，< 500	> 20，< 100
	土石方工程，混凝土薄壁工程	> 1000	> 100，< 1000	> 30，< 100	> 10，< 30

续表

损失情况	事故类别			
	特大质量事故	重大质量事故	较大质量事故	一般质量事故
事故处理所需合理工期 / 月	＞6	＞3，W6	＞1，＜3	＜1
事故处理后对工程功能和寿命影响	影响工程正常使用，需限制条件运行	不影响正常使用，但对工程寿命有较大影响	不影响正常使用，但对工程寿命有一定影响	不影响正常使用和工程寿命

注 1.直接经济损失费用为必需条件，其余两项主要适用于大中型工程。
　　2.小于一般质量事故的质量问题称为质量缺陷。

二、施工质量事故的处理原则

质量事故发生后，应坚持"三不放过"的原则，即事故原因不查清不放过，事故主要责任人和职工未受到教育不放过，补救措施不落实不放过。

发生质量事故，应立即向有关部门（业主、监理单位、设计单位和质量监督机构等）汇报并提交事故报告。

由质量事故造成的损失费用，坚持事故责任是谁由谁承担的原则。如责任在施工承包商，则事故分析与处理的一切费用由承包商自己负责；施工中事故责任不在承包商，则承包商可依据合同向业主提出索赔；若事故责任在设计或监理单位，应按照有关合同条款给予相关单位必要的经济处罚。构成犯罪的，移交司法机关处理。

三、施工项目质量事故的处理程序

施工项目质量事故的处理程序主要有以下六个步骤。

（一）发现事故，下达工程施工暂停令

当出现施工质量缺陷或事故后，应停止有质量缺陷部位和其有关部位及下道工序施工，需要时还应采取适当的防护措施。同时，项目法人将事故的简要情况向项目主管部门报告。项目主管部门接事故报告后，按照管理权限向上级水行政主管部门报告。

一般质量事故向项目主管部门报告。较大质量事故逐级向省级水行政主

管部门或流域机构报告。重大事故逐级向省级水行政主管部门或流域机构报告并抄报水利部。特大质量事故逐级向水利部和有关部门报告。

（二）组织进行质量事故调查

一般事故由项目法人组织设计、施工、监理等单位进行调查，调查结果报项目主管部门核备。较大质量事故由项目主管部门组织调查组进行调查，调查结果报上级主管部门批准并报省级水行政主管部门核备。重大质量事故由省级以上水行政主管部门组织调查组进行调查，调查结果报水利部核备。特大质量事故由水利部组织调查。

事故调查组的主要任务：①查明事故发生的原因、过程、财产损失情况和对后续工程的影响；②组织专家进行技术鉴定；③查明事故的责任单位和主要责任者应负的责任；④提出工程处理和采取措施的建议；⑤提出对责任单位和责任者的处理建议；⑥提交事故调查报告。

调查组有权向事故单位、各有关单位和个人了解事故的有关情况。有关单位和个人必须实事求是地提供有关文件或材料，不得以任何方式阻碍或干扰调查组的正常工作。

发生（发现）较大、重大和特大质量事故时，事故单位要在 48h 内向规定单位写出书面报告；发生突发性事故时，事故单位要在 4h 内通过电话向上述单位报告。调查结果，要整理撰写事故调查报告，其内容包括以下内容：

（1）工程名称、建设规模、建设地点、工期，项目法人、主管部门及负责人电话。

（2）事故发生的时间、地点、工程部位以及相应的参建单位名称。

（3）事故发生的简要经过、伤亡人数和直接经济损失的初步估计。

（4）事故发生原因初步分析。

（5）事故发生后采取的措施及事故控制情况。

（6）事故报告单位、负责人及联系方式。

事故调查组提交的调查报告经主持单位同意后，调查工作即告结束。事故调查费用暂由项目法人垫付，待查清责任后，由责任方负担。

（三）事故原因分析，正确判断事故原因

事故原因分析是确定事故处理措施方案的基础。正确的处理来源于对事故原因的正确判断。避免情况不明就主观分析判断事故的原因，尤其是有些事故，其原因错综复杂，往往涉及勘察、设计、施工、材质、使用管理等多方面，只有对调查提供充分的调查资料，数据进行详细、深入的分析后，才能由表及里、去伪存真，找出造成事故的真正原因。事故处理需要进行设计变更的，需原设计单位或有资质的单位提出设计变更方案。需要进行重大设计变更的，必须经原设计审批部门审定后实施。

（四）事故处理方案

发生质量事故，必须针对事故原因提出工程处理方案，经有关单位审定后实施。

一般事故，由项目法人负责组织有关单位制定处理方案并实施，报上级主管部门备案。较大质量事故，由项目法人负责组织有关单位制定处理方案，经上级主管部门审定后实施，报省级水行政主管部门或流域机构备案。重大质量事故，由项目法人负责组织有关单位提出处理方案，征得事故调查组意见后，报省级水行政主管部门或流域机构审定后实施。特大质量事故，由项目法人负责组织有关单位提出处理方案，征得事故调查组意见后，报省级水行政主管部门或流域机构审定后实施，并报水利部备案。

事故处理需要进行设计变更的，需原设计单位或有资质的单位提出设计变更方案。需要进行重大设计变更的，必须经原设计审批部门审定后实施。事故部位处理完成后，必须按照管理权限经质量评定与验收后，方可投入使用或进入下一阶段施工。

（五）组织检查验收

在质量缺陷和质量事故处理完毕后，应组织有关人员对处理结果进行严格的检查、鉴定和验收。

四、质量事故处理的鉴定

质量问题处理是否达到预期的目的，是否留有隐患，需要通过检查验收做出结论。事故处理质量检查验收，必须严格按施工验收规范中有关规定进行；必要时，还要通过实测实量、荷载试验、取样试压、仪表检测等方法来获取可靠的数据。这样才可能对事故做出明确的处理结论。

事故处理结论的内容包括以下七方面：

（1）事故已排除，可以继续施工。

（2）隐患已经消除，结构安全可靠。

（3）经修补处理后，完全满足使用要求。

（4）基本满足使用要求，但附有限制条件，如限制使用荷载、限制使用条件等。

（5）对耐久性影响的结论。

（6）对建筑外观影响的结论。

（7）对事故责任的结论等。

此外，对一时难以做出结论的事故，还应进一步提出观测检查的要求。

事故处理后，还必须提交完整的事故处理报告，其内容包括：事故调查的原始资料、测试数据；事故的原因分析、论证；事故处理的依据；事故处理方案、方法及技术措施；检查验收记录；事故无须处理的论证；事故处理结论等。

第五节　工程质量验收与评定

一、工程质量评定

（一）质量评定的意义

工程质量评定是将质量检验结果与国家和行业技术标准以及合同约定质量标准进行的比较活动。水利水电工程按《水利水电工程施工质量评定规程》（SL 176—2007）执行，其意义在于统一评定标准和方法，正确反映工程的质量，使之具有可比性；同时也考核企业等级和技术水平，促进施工企业提高质量。

工程质量评定以单元工程质量评定为基础，其评定的先后次序是单元工程、分部工程和单位工程。工程质量的评定在施工单位（承包商）自评的基础上，由建设（监理）单位复核，报政府质量监督机构核定。

（二）评定依据

合格标准是工程验收标准。不合格工程必须按要求处理，合格后才能进行后续工程施工或验收。水利水电工程施工质量等级评定的主要依据有以下内容：

（1）国家及相关行业技术标准。

（2）《单元工程评定标准》。

（3）经批准的设计文件、施工图纸、金属结构设计图样与技术条件、设计修改通知书、厂家提供的设备安装说明书及有关技术文件。

（4）工程承发包合同中采用的技术标准。

（5）工程施工期及试运行期的试验和观测分析成果。

（三）评定标准

1. 单元工程质量评定标准

《水利水电基本建设工程单元工程质量等级评定标准》是单元工程质量等级标准，包括混凝土工程、地基处理与基础工程、堤防工程、水工金属结构安装工程、水轮发电机组安装工程、水力机械辅助设备系统安装工程等多项标准。

该标准将质量检验项目统一分为主控项目和一般项目：主控项目指对单元工程功能起决定作用或对安全、卫生、环境保护有重大影响的检验项目；一般项目指除主控项目外的检验项目。

单元（工序）工程施工质量合格标准应按照《水利水电基本建设工程单元工程质量等级评定标准》或合同约定的合格标准执行。单元工程质量评定分优良、合格和不合格三级。单元工程质量等级不论评定为"合格"还是"优良"标准，均要求质量检查"主控项目"全部合格通过，"一般项目"的计数检验合格率必须达到相应的百分比，才能评定为"合格"或"优良"等级，除专业工程另有要求外，"一般项目"合格的检查点标准要大于或等于70%，优良的检查点标准要大于或等于90%。

当单元工程达不到合格标准时，应及时处理。处理后的质量等级按下列规定确定：全部返工重做的，可重新评定质量等级；经加固补强并经设计和监理单位鉴定能达到设计要求时，其质量评为合格。处理后部分质量指标仍达不到设计要求时，经设计复核，项目法人及监理单位确认能满足安全和使用功能要求，可不再进行处理；或经加固补强后，改变外形尺寸或造成永久性缺陷的，经项目法人、监理及设计单位确认能基本满足设计要求，其质量可定为合格，但应按规定进行质量缺陷备案。

2. 分部工程质量评定标准

分部工程质量合格的条件是：①单元工程质量全部合格；②中间产品质量及原材料质量全部合格，金属结构及启闭机制造质量合格，机电产品质量合格。

分部工程质量优良的条件是：①所含单元工程质量全部合格，其中70%以上达到优良，重要隐蔽单元工程以及关键部位单元工程质量优良率达90%以上，并且未发生过质量事故；②中间产品质量全部合格，混凝土（砂浆）试件质量达到优良（当试件组数小于30时，试件质量合格）。原材料质量、金属结构及启闭机制造质量合格，机电产品质量合格。

3. 单位工程质量评定标准

单位工程质量合格的条件是：①所含分部工程质量全部合格；②质量事故已按要求进行处理；③工程外观质量得分率达到70%以上；④单位工程施工质量检验与评定资料基本齐全；⑤工程施工期及试运行期，单位工程观测资料分析结果符合国家和行业技术标准以及合同约定的标准要求。

单位工程质量优良的条件是：①所含分部工程质量全部合格，其中70%以上达到优良等级，主要分部工程质量全部优良，且施工中未发生过较大质量事故；②质量事故已按要求进行处理；③外观质量得分率达到85%以上；④单位工程施工质量检验与评定资料齐全；⑤工程施工期及试运行期，单位工程观测资料分析结果符合国家和行业技术标准以及合同约定的标准要求。

4. 工程质量评定标准

工程质量合格的条件是：①单位工程质量全部合格；②工程施工期及试运行期，各单位工程观测资料分析结果均符合国家和行业技术标准以及合同约定的标准要求。

工程质量优良的条件是：①单位工程质量全部合格，其中70%以上单位工程质量为优良等级，且主要单位工程质量全部优良；②工程施工期及试运行期，各单位工程观测资料分析结果符合国家和行业技术标准以及合同约定的标准要求。

（四）质量评定程序

单元（工序）工程质量在施工单位自评合格后，由监理单位复核，监理工程师核定质量等级并签字认可，具体做法是单元（工序）工程在施工单位自检合格并填写《水利水电工程施工质量评定表》终检人员签字后，报监理工程师复核评定。

重要隐蔽单元工程及关键部位单元工程质量经施工单位自评合格，监理机构抽检后，由项目法人（或委托监理）、监理、设计、施工、工程运行管理（施工阶段已经有时）等单位组成联合小组，共同检查核定其质量等级并填写签证表，报质量监督机构核备。

分部工程质量，在施工单位自评合格后，由监理单位复核，项目法人认定。分部工程验收的质量结论由项目法人报质量监督机构核备。大型枢纽工程主要建筑物的分部工程验收的质量结论由项目法人报工程质量监督机构核定。

单位工程质量，在施工单位自评合格后，由监理单位复核，项目法人认定。单位工程验收的质量结论由项目法人报质量监督机构核定。

工程项目质量，在单位工程质量评定合格后，由监理单位进行统计并评定工程项目质量等级，经项目法人认定后，报质量监督机构核定。

二、工程质量验收

（一）工程质量验收定义

根据《水利水电建设工程验收规程》（SL 223—2008），工程质量验收是在工程质量评定的基础上，依据既定的验收标准，采取一定的手段来检验工程产品的特性是否满足验收标准的过程。

水利水电建设工程验收按验收主持单位可分为法人验收和政府验收。法人验收应包括分部工程验收、单位工程验收、水电站（泵站）中间机组启动验收、合同工程完工验收等；政府验收应包括阶段验收、专项验收、竣工验收等。验收主持单位可根据工程建设需要增设验收的类别和具体要求。政府验收应由验收主持单位组织成立的验收委员会负责，法人验收应由项目法人组织成立的验收工作组负责，验收委员会（工作组）由有关单位代表和有关专家组成。

（二）工程质量验收依据

工程质量验收工作的依据有：①国家现行有关法律、法规、规章和技术标准；②有关主管部门的规定；③经批准的工程立项文件、初步设计文件、调整概算文件；④经批准的设计文件及相应的工程变更文件；⑤施工图纸及主要设备技术说明书等；⑥法人验收还应以施工合同为依据。

当工程具备验收条件时，应及时组织验收。未经验收或验收不合格的工程不得交付使用或进行后续工程施工。验收工作应相互衔接，不应重复进行。

（三）工程验收的主要工作

1. 分部工程验收

分部工程验收应由项目法人（或委托监理单位）主持，验收工作组应由项目法人、勘测、设计、监理、施工、主要设备制造（供应）商等单位的代表组成，运行管理单位可根据具体情况决定是否参加。

分部工程验收应具备的条件是：所有单元工程已完成；已完单元工程施工质量经评定全部合格，有关质量缺陷已处理完毕或有监理机构批准的处理意见；合同约定的其他条件。

分部工程验收的主要工作是：鉴定工程是否达到设计标准；按现行国家或行业技术标准，评定工程质量等级；对验收遗留问题提出处理意见。分部工程验收的图纸、资料和成果是竣工验收资料的组成部分。

2. 单位工程验收

单位工程验收应由项目法人主持。验收工作组由项目法人、勘测、设计、监理、施工、主要设备制造（供应）商、运行管理等单位的代表组成。必要时，可邀请上述单位以外的专家参加。

单位工程验收应具备的条件是：所有分部工程已完建并验收合格；分部工程验收遗留问题已处理完毕并通过验收，未处理的遗留问题不影响单位工程质量评定并有处理意见；合同约定的其他条件。

单位工程验收的主要内容是：检查工程是否按批准的设计内容完成；评定工程施工质量等级；检查分部工程验收中遗留问题处理情况及相关记录；对验收中发现的问题提出处理意见。

3. 阶段验收

根据工程建设需要，当工程建设到一定关键阶段（如基础处理完毕、截流、水库蓄水、机组启动、输水工程通水等）时，应进行阶段验收。阶段验收应包括枢纽工程导（截）流验收、水库下闸蓄水验收、引（调）排水工程通水验收、水电站（泵站）首（末）台机组启动验收、部分工程投入使用验收以及竣工验收主持单位根据工程建设需要增加的其他验收。

阶段验收应由竣工验收主持单位或其委托的单位主持。阶段验收委员会由验收主持单位、质量和安全监督机构、运行管理单位的代表以及有关专家组成；必要时，可邀请地方人民政府以及有关部门参加。工程参建单位应派代表参加阶段验收，并作为被验收单位在验收鉴定书上签字。

阶段验收的主要工作是：检查已完工程的质量和形象面貌；检查在建工程建设情况；检查待建工程的计划安排和主要技术措施落实情况，以及是否具备施工条件；检查拟投入使用工程是否具备运用条件；对验收遗留问题提出处理要求等。

4. 合同完工验收

施工合同约定的建设内容完成后，应进行合同工程完工验收。当合同工程仅包含一个单位工程（分部工程）时，宜将单位工程（分部工程）验收与合同工程完工验收一并进行，但应同时满足相应的验收条件。

合同工程完工验收应由项目法人主持。验收工作组应由项目法人以及与合同工程有关的勘测、设计、监理、施工、主要设备制造（供应）商等单位的代表组成。

合同完工验收的主要工作是：检查工程是否按批准设计完成；检查工程质量，评定质量等级，对工程缺陷提出处理要求；对验收遗留问题提出处理要求；按照合同规定，施工单位向项目法人移交工程。

5. 竣工验收

竣工验收应在工程建设项目全部完成并满足一定运行条件后 1 年内进行。不能按期进行竣工验收的，经竣工验收主持单位同意，可适当延长期限，但最长不得超过 6 个月。一定运行条件是指泵站工程经过一个排水或抽水期、河道疏浚工程完成后、其他工程经过 6 个月（经过一个汛期）至 12 个月。

竣工验收应具备的条件是：工程已按批准设计规定的内容全部建成；各单位工程能正常运行；历次验收所发现的问题已基本处理完毕；归档资料符合工程档案资料管理的有关规定；工程建设征地补偿及移民安置等问题已基本处理完毕，工程主要建筑物安全保护范围内的迁建和工程管理土地征用已经完成；工程投资已经全部到位；竣工决算已经完成并通过竣工审计。

竣工验收的程序是：项目法人组织进行竣工验收自查、项目法人提交竣工验收申请报告、竣工验收主持单位批复竣工验收申请报告、进行竣工技术预验收、召开竣工验收会议、印发竣工验收鉴定书。

竣工验收的主要工作是：审查项目法人编制的《工程建设管理工作报告》和初步验收工作组编制的《初步验收工作报告》；检查工程建设和运行情况；协调处理有关问题；讨论并通过《竣工验收鉴定书》。

参考文献

[1] 孙文中，刘冰，黄坡.水利工程施工与管理 [M].天津：天津科学技术出版社，2017.

[2] 似传铭，刘书昌.水利工程施工与管理 [M].延吉：延边大学出版社，2017.

[3] 刘学应，王建华.水利工程施工安全生产管理 [M].北京：中国水利水电出版社，2017.

[4] 牛志丰，张利锋，张伟.项目管理与水利工程施工设计 [M].五家渠：新疆生产建设兵团出版社，2018.

[5] 王东民."互联网＋"水利工程施工运行和管理 [M].天津：天津科学技术出版社，2018.

[6] 张平，谢事亨，袁娜娜.水利工程施工与建设管理实务 [M].北京：现代出版社，2018.

[7] 刘勤.建筑工程施工组织与管理 [M].北京：阳光出版社，2018.

[8] 王海雷，王力，李忠才.水利工程管理与施工技术 [M].北京：九州出版社，2018.

[9] 高占祥.水利水电工程施工项目管理 [M].南昌：江西科学技术出版社，2018.

[10] 薛根林.水利工程施工与管理研究 [M].延吉：延边大学出版社，2018.

[11] 李明.水利工程施工管理与组织 [M].郑州：黄河水利出版社,2018.

[12] 吴怀河，蔡文勇，岳绍华.水利工程施工管理与规划设计 [M].昆明：云南科技出版社，2018.

[13] 井德刚，赵国杰，王钰.水利水电工程施工与管理 [M].天津：天津科学技术出版社，2018.

[14]王桂芹，郝小贞，杨志静.水利工程施工技术与项目管理［M］.北京：中国原子能出版社，2018.

[15]陈俊.水利水电工程施工与管理研究［M］.天津：天津科学技术出版社，2018.

[16]胡琴，范振雷.水利工程建设施工管理实务［M］.哈尔滨：哈尔滨地图出版社，2018.

[17]姬志军，邓世顺.水利工程与施工管理［M］.哈尔滨：哈尔滨地图出版社，2019.

[18]陈雪艳.水利工程施工与管理以及金属结构全过程技术［M］.北京：中国大地出版社，2019.

[19]高喜永，段玉洁，于勉.水利工程施工技术与管理［M］.长春：吉林科学技术出版社，2019.

[20]牛广伟.水利工程施工技术与管理实践［M］.北京：现代出版社，2019.

[21]丁长春，等.水利工程与施工管理［M］.长春：吉林科学技术出版社，2019.

[22]刘明忠，田淼，易柏生.水利工程建设项目施工监理控制管理［M］.北京：中国水利水电出版社，2019.

[23]贺芳丁，刘荣钊，马成远.水利工程施工设计优化研究［M］.长春：吉林科学技术出版社，2019.

[24]袁俊周，郭磊，王春艳.水利水电工程与管理研究［M］.郑州：黄河水利出版社，2019.

[25]张鹏.水利工程施工管理［M］.郑州：黄河水利出版社，2020.

[26]张义.水利工程建设与施工管理［M］.长春：吉林科学技术出版社，2020.

[27]陈惠达.水利工程施工技术及项目管理［M］.北京：中国原子能出版社，2020.

[28]代培，任毅，肖晶.水利水电工程施工与管理技术［M］.长春：吉林科学技术出版社，2020.